最受养殖户欢迎的精品图书

高效养殖百问百答

第二版

赵春光　编著

中国农业出版社

内容提要

本书主要是针对我国甲鱼养殖业中目前存在的一些实际问题，并以解答的方式进行阐述。内容包括甲鱼高效经营、甲鱼生态习性、甲鱼品种、甲鱼种苗繁育、甲鱼饲料配比、甲鱼健康养殖和甲鱼病害防治等七个方面170个问题。

本书内容全面，通俗易懂，是一本融合现代先进技术和经营理念并提倡甲鱼高效安全养殖的实用科普书。本书主要供甲鱼养殖企业、甲鱼经营企业、业内从事甲鱼养殖的技术人员和农业院校相关师生参考阅读。

第二版前言

《甲鱼高效养殖百问百答》（第一版）自2010年10月出版以来，由于内容丰富，通俗易懂，简明扼要，指导性强，得到了全国各地甲鱼养殖企业和养殖户的喜爱。该书不但教大家怎样通过先进的科学技术养出优质高产的产品，还告诉大家应怎样创品牌、拓市场、卖出好价格，取得好效益。

甲鱼是我国传统的美食补品，我国的甲鱼养殖业也在市场需求的推动下快速发展，甲鱼养殖业已成为我国农村农民增收致富的新途径。但在发展过程中遇到的问题也不少，如有的地方虽然养得很好但经济效益却不高，有的地方只重养不重销，也有的地方只求多不求好等不顺应市场发展的养殖模式与经营思路。第二版在第一版的基础上有了进一步的改进，删去许多不实用的内容，增加了更先进的养殖模式和适应市场形势发展需要的经营内容，特别是把养殖和乡村旅游、休闲观光结合起来，大大拓展了甲鱼养殖的经营思路，从而取得更好的经济效益。

第二版共有170个问答，融入了最新的研究成果与经营理念，全面阐述了甲鱼种质选优、饲料配比、环境优化、生态养殖、产品安全、疾病预防、高效经营等内容，并通过提问的方式进行全面的解答，以利甲鱼养殖经营者参考应用。但因时间仓促和水平局限，错误之处在所难免，望广大读者谅解与指正。

编著者

2013年10月

第一版前言

甲鱼是我国传统的美食补品，我国的甲鱼养殖业也在市场需求的推动下快速发展，甲鱼养殖业已成为我国农村农民增收致富的新途径。但在发展过程中遇到的问题也不少，如有的地方养得好效益却不高，有的地方只重养不重销，也有的地方只求多不求好等不顺应市场发展要求的养殖模式与经营思路。本书从经营到生产，从生产到管理，通过问答方式进行了全面的解答，旨在为甲鱼养殖经营者在健康养殖的基础上取得高效益，提供有益的指导。也希望本书能给甲鱼养殖产业的健康发展，起到一定的推动作用。

本书共分 7 个部分 150 个问答，融入了最新的研究成果与经营新理念。全面阐述了甲鱼高效经营、甲鱼生态习性、甲鱼品种、甲鱼种苗繁育、甲鱼饲料配比、甲鱼健康养殖和甲鱼病害防治等实际遇到的问题，并在通俗易懂的基础上进行一些理论探讨，以利不同阶层的业内人士参考应用。但因时间仓促和水平局限，错误之处在所难免，望广大读者谅解与指正。

编著者

目 录

一、甲鱼高效经营

1. 什么叫甲鱼高效养殖？

甲鱼高效养殖是目前甲鱼养殖业的新理念，也就是养殖甲鱼的目的是什么的新问题。为此，笔者提出甲鱼养殖是一项经营获利和环境保护，同时取得经济效益、社会效益和生态效益的新型低碳养殖业。

（1）经济效益 就是甲鱼养殖要提倡养殖高质量、提高附加值的精品和科学的经营管理，来取得高的经济效益。

（2）社会效益 甲鱼养殖可为社会提供优质放心的产品，满足市场民众消费需求的同时，还能增加就业和带动农民增收致富的社会效益。

（3）生态效益 甲鱼养殖无论从设计到生产，都要考虑到对环境的影响，要做到绝对不对当地的自然环境产生负面影响和破坏生物多样性，而应做到可以通过循环利用，对环境产生积极影响的生态效益。

2. 为什么有的养殖户甲鱼养得很好却没钱赚？

经常有养殖户反映，每年的甲鱼养得很好，但没有钱赚，笔者分析有以下几个原因：

（1）销售不适时 甲鱼产品的销售是有季节性的，如一般冬季南方就喜欢用甲鱼进行食补。所以，冬季的甲鱼一般比较好卖，即使卖不掉，因为天气较冷，也容易保存。有些地方把甲鱼养到夏天或晚春，那时不但销量少，价格也最低。还有一些地方的风俗习惯也与市场的销量有关，如杭州就有“学生考试甲鱼补”的传统习俗，一到考试时节，甲鱼的价格就较好。所以，不去了解市场的需求，养殖的产量再高，也不会有理想的经济效益。

（2）产品质量低 甲鱼养殖在发展初期，由于市场上货少价高，所以一般不太注重质量。随着养殖产量的提高和消费者对产品质量越来越重视，一般低品质的甲鱼就卖不上高价格。如一般土腥味较重、体形较肥胖和养殖时间较短的甲鱼，市场上很难卖上好价钱。所以，一样的养殖产量，质量差的不但效益不高，有的甚至还要赔钱。

（3）没有打品牌 什么商品都要有个牌子，好牌子的商品，不但价格高而且销量大，自然经济效益也高。如浙江宁波的明凤牌甲鱼和野好牌甲鱼，已基本形成独立的价格体系，不管市场价格怎么动荡起落，他们的商品价格都处于高位和稳定，经济效益自然就高。所以，品牌是甲鱼养殖企业的软实力和硬价值的体现。

（4）养殖成本高 同样的产量，有的养殖户养殖成本就要高出一截，自然他的经济效益也就低一截。所以，一个甲鱼养殖企业，如何做好成本管理是提高养殖经济效益的关键，许多养殖户不知自己养殖的甲鱼每千克的成本是多少，一切跟着感觉走，等卖完甲鱼一算账才知道亏本了，这种心中没数的养殖是不可能取得高效益的。

（5）经营单一 许多养殖企业除了养殖甲鱼等客买产品以外，不去挖掘自己的有利条件搞多种经营来提升自己的产品档次和附加值，所以只要市场价格稍有波动就很难抵御风险，影响经销效益。

3. 怎样养甲鱼才赚钱?

养甲鱼想有好的经济效益，必须从以下几方面着手：

（1）搞好经营核算 甲鱼在养殖前一定要先把账算好，许多养殖场亏损的原因是看别人养甲鱼赚钱就跟风上马，根本没去核算养殖后市场和成本的变化是否对自己养殖有利。跟风养，养大后没市场，最后只好看着别人赚钱自己草草收场。算好账主要是了解生产资料的市场变化，产品市场的价格趋势，然后是养殖成本的控制和管理，最后在确定有利可图的情况下再上马养殖。

（2）养好优质甲鱼 上马养殖，就要把甲鱼养好，养好甲鱼不仅是产量，特别是质量，一定要按国家的有关食品质量卫生的要求去规范操作和生产。笔者目前提倡低密度无病养殖，目的是不用化学药物，以保证养成后的甲鱼的质量是精品，使上市的产品不但口味好，安全卫生也保证。

（3）研究适时上市 一般产品好不愁卖，但也要研究市场，引导市场，使自己的产品能够适时上市，所以产品要卖好价，不但要产品质量好有品牌，也要做广告宣传，使自己的产品能广而告知，扬名市场。

（4）开发多种经营 甲鱼养殖企业的经营一定要因地制宜全面发展，不能单一的只把甲鱼养殖好，如有条件的可同时经营具有甲鱼特色的餐饮业，渔家乐甚至开发甲鱼文化结合观光旅游等提高经营效益的多种经营。

4. 甲鱼养殖场怎样结合乡村旅游?

现代化甲鱼养殖企业，不单纯是简单的只养甲鱼上市，由于甲鱼有深厚的文化内涵，所以养殖甲鱼和乡村旅游结合，不但能提高企业和产品的知名度，也能为消费者提供产品以外的文化产品。所以只要条件容许，甲鱼场搞乡村旅游是今后的趋势。具体做法是：

（1）设置甲鱼文化馆 养殖企业可挖掘有关甲鱼的起源文化、历史文化、饮食文化等主题，在馆内通过文字图片和实物展览，为游客提供观赏和了解素材，同时也可作为青少年科普教育基地。

（2）提供一些甲鱼为主体的游乐活动 如抓甲鱼比赛、挖蛋比赛、装蛋比赛、甲鱼知识问答、甲鱼知识谜语、甲鱼烹饪比赛等主题活动。

（3）甲鱼美味品尝 可把甲鱼养身知识和美味品尝结合起来，使游客不但看到了甲鱼的生活环境，也可尝到各种甲鱼的美味。

当然甲鱼养殖需要安静的环境，所以上述的这些活动区域，必须和养殖区域进行严格的隔离，以免影响甲鱼养殖。

5. 甲鱼场搞渔家乐需要哪些条件?

甲鱼养殖企业搞渔家乐，是多种经营增加效益的有效举措，也是结合乡村旅游的一种形式，但必须具备以下条件：

（1）交通便利 如果交通不好就不适合搞，因为甲鱼场大多远离城市，如果没有便捷的交通，就很难取得好的效果。

（2）要设有停车场 由于离城区较远，所以来吃甲鱼餐的一般都有车辆，所以停车场是必备的。

（3）要有一定的名胜古迹 一般以甲鱼为主题的渔家乐，最好能结合当地的旅游名胜，这样就餐的人就会多。

（4）要有一定的特色风味 这是办甲鱼渔家乐的主要条件，否则没有特色风味，一般人就不会特意到甲鱼养殖场来吃甲鱼。

（5）有较高的服务人员 办甲鱼渔家乐必须有素质高的服务人员，服务人员不但要求身体健康，有较高的文化素质、服务态度和接待能力，更要懂得法律法规。

6. 甲鱼养殖怎样进行成本核算?

前面已说到养甲鱼要取得高效益，首先要算好账，而算好账后还必须管好账，因此，就必须进行养殖生产的成本核算。

什么是成本核算呢？为此，我们根据目前原材料价格搞一个成本预算的例子。现以工厂化养 10 000 只商品鳖，12 个月养成周期为例，来预算养成 500 克体重商品鳖的总成本和单位成本。计算公式为：

$$\sum h = R + V + C$$

$$A = \sum h / \sum n$$

式中 $\sum h$——总成本；

V——生产成本；

$\sum n$——总产量；

R——设施和管理成本；

C——销售成本；

A——单位成本。

设施和管理成本（R），包括以下几项：

①养鳖温室年折旧金额：按目前的保温采光棚造价为 100 元/米^2，并按 5 年摊销，则年金额为 100 元/5＝20 元。再以每平方米养 20 只鳖计，10 000÷20×20，即年金为 10 000 元。

②增温设施锅炉折旧年金额（包括管道与管理房）：用 0.5 吨的锅炉，总投资 50 000 元计，也按 5 年折旧，即年金为10 000元。

$$\sum R = 20\ 000 \text{ 元}$$

由于规模小，管理成本可以忽略。

生产成本（V），包括以下几项：

①鳖苗：以每只 2 元计，为 20 000 元。

②饲料：按平均每吨粉料 10 000 元，饵料系数 1.3，养殖成活率 85%，总产量 4 250 千克计，总增重 4 220 千克，需饵料 5.49 吨（饲料量＝总产量 4 250 千克－放养重量 30 千克×1.3），资金 54 900 元。

③工资：按 1 万只鳖 1 个人，月薪 1 000 元计，即12 000元。

④水电煤耗：以每千克鳖 1 元计，为 4 250 元。

⑤其他（低耗、药费等）：以每千克鳖 1 元计，为 4 250 元。

$$\sum V = 95\ 400 \text{ 元}$$

销售成本（C），以每千克 0.6 元计，为 2 550 元。

$$\sum h = 117\ 950 \text{ 元}$$

$$A = 117\ 950/4\ 250 = 27.75 \text{ 元 / 千克}$$

在此基础上规模越大，成本相对减少，从上述预算可以看出，R、V、C 的成本比例分别为：R 10%，V 88%，C 2%。所以我们要求，管理成本以不超过总成本的 10%为宜，生产成本不得少于 85%，销售成本以不得少于 5%。

7. 养殖生产怎样做好成本管理？

成本管理即按预算进行调控，特别是生产成本，一定要想办法控制在预算以内。

（1）管理成本的控制 选择最好的设备模式，降低基础设施的造价，充分提高设施的利用率和完好率，提高管理人员的工作效率，是降低管理成本的关键。

如非生产性设施的投资和非生产管理人员的工作效率，都应通过科学的管理制度和规章进行，尽量把管理成本控制在总成本的 10%以内。

（2）生产成本的控制 生产成本中的每一项，都会影响养殖结果和成本比例。所以，抓好生产成本的管理十分重要。

①苗种：苗种质量的好坏，品种优劣，购买季节都与苗种的成本有关，所以减少苗种成本，最好是人工培育亲鳖自繁苗种，也可结合季节适当购些境外苗种作调剂和补充。苗种的成本最好能控制在每只苗1元以内，鳖种每500克15元以内。

②饲料：饲料是生产成本中最大的一项支出，占50%左右，作为养殖企业，应做好以下几点节本措施：一是科学投饵，减少饲料浪费，提高饲料利用率；二是科学养殖，提高养殖成活率和养殖产量；三是精心选购质好价平的饲料。总之，能把饵料系数温室养殖控制在1.3以内，外塘养殖控制在1.6以内，饲料成本的比例就会下降。

③水电煤耗：应采用先进的养殖模式（如既保温又采光的养鳖温室和两季保温养殖法及低耗节能增温法等），同时，在管理中应采取激励机制，做到节奖超罚的措施等。

④工资：主要提高工作人员的劳动生产率，如有的地方万只鳖用2人，而有的场1人管理4万～5万只，相差很大。

⑤低耗品等：做到科学防病，减少用药费用，工具既要合理使用，也要妥善保管等节本措施。

(3) 销售成本的管理 销售成本，目前的比例较少，主要是养殖企业的广告和产品推销意识较淡薄，销售也在养殖场等着客户自己上门销售，所以有时得到的信息准确度较差。销售成本是一种既长远又稳固的成本，比重应随着条件的变化逐步提高至5%。

8. 创甲鱼品牌有什么作用?

(1) 促进产品安全的作用 品牌会给养殖企业创造价值，带来利益，首先要给消费民众安全放心的产品，所以品牌产品不但自己要守住品质的底线，也要主动接受消费者和有关部门的监督检查，并不断提高产品质量，从而创造消费者放心和喜爱的产品，满足消费民众对优质甲鱼产品的需求。

（2）提高经济效益的作用　品牌产品对养殖企业经济效益的提高是十分明显的，如国内现在做得比较好的甲鱼养殖企业，用很少的产量，却能获得很高的产值就是个例子。在市场上，某个品牌产品的价格是每千克500元，而普通产品在市场上只有每千克50元，相差10倍。

（3）带动产业发展的作用　品牌不但能引领市场消费，同时也能推动产业可持续良性发展，如浙江的千岛湖有机鱼，江苏的阳澄湖大闸蟹和盱眙龙虾等。所以，做好甲鱼品牌能带动甲鱼整个产业的良性发展。

9. 甲鱼品牌怎样创立？

（1）给产品命名注册　创立甲鱼品牌首先是给产品命名注册，甲鱼品牌命名的特点，应掌握以下几条原则：一是独一无二，与众不同；二是能体现自己产品的特色；三是名称语言上口易记；四是名称文字简洁明了。

品牌有了名称，就应申报注册，注册时应先设计好商品标志，即商标。商标设计可请专业设计部门根据产品的特点和自己的意图设计标识图案，但也应掌握以下几点原则；一是要新颖独特；二是要醒目易记；三是要贴近产品。

（2）实施产品生产标准　创立甲鱼品牌的第二步是制订实施标准化系列，因为标准化是提高产品质量、保护消费者利益、保证人类安全健康的重要保证。我国的标准分为四级，即国家标准、行业标准、地方标准和企业标准。甲鱼系列标准可分两个内容三个项目，两个内容为：生产标准和产品标准；三个项目为：甲鱼繁育标准、甲鱼养殖标准和甲鱼产品标准（包括甲鱼的加工产品标准）。

（3）设计包装与广告　为了突出自己产品的形象和便于消费

者携带保管，产品的包装是必不可少的。如目前大多数养鳖企业用彩封盒包装，盒上除有表达产品的图案和一些文字说明，最重要的是要在醒目的位置标上产品的商标、标准编号和生产场名。总的要求是美观大方，独特新颖，携带方便。

为了宣传产品做好广告也十分重要，有句现代俗语叫“好货也要勤吆喝”。这说明要想大家知道你的品牌，广告是很重要的。

10. 甲鱼有哪些药用价值?

据《本草纲目》记载：鳖肉可治久痢、虚劳、脚气等病；鳖甲主治骨蒸劳热、阴虚风动、肝脾肿大、肝硬化等病症；鳖血外敷可治颜面神经麻痹、小儿疳积潮热，兑酒可治妇女血痨；鳖卵能治久泻久痢；鳖胆汁有治痔瘘等功效、鳖头干制入药称“鳖首”，可治脱肛、漏疮等。我国知名的中药组方中以鳖甲为主的“鳖甲软肝方”，在治疗肝硬化、肝纤维化等重症肝病有较好疗效的基础上，北京中医药大学试验用该方对肺纤维化治疗也取得了较好的效果。此外，据深圳卫生防疫站和同济医科大学以16～18克雄性小白鼠为实验对象，用甲鱼汤提取液和化学抗癌药物5-氟尿嘧啶（5-Fu）对接种肉瘤S_{180}瘤株和艾氏腹水癌瘤株的小白鼠灌胃进行对比治疗试验。结果发现，鳖汤提取液的抗癌作用与化学抗癌药物5-氟尿嘧啶（5-Fu）差不多，肿瘤抑制率分别为（5-Fu）68.39%和（鳖汤提取液）55.44%，然而试验还发现，在生命延长率上甲鱼提取液明显优于化疗药物，所以说甲鱼还有较好的抗癌作用。

11. 甲鱼裙边有美容作用吗?

甲鱼裙边有很好的美容作用，这是因为甲鱼裙边中有丰富的胶原蛋白，而胶原蛋白中富含人体需要的甘氨酸、脯氨酸、羟脯氨酸等营养物质，这些物质不但能修复人体损伤的组织，还有防止人体皮肤老化的功能，所以说甲鱼裙边有很好的美容作用。

12. 红烧冰糖甲鱼为何名扬天下，如何制作?

“红烧冰糖甲鱼”可谓名扬天下。说起此菜，主要来自一段耐人寻味的故事：说在二百多年前的清代，有两个秀才进京赶考途经宁波一家店饮酒，秀才提出要吃“独占鳌头”一菜，店家捧出一碗“红烧冰糖元鱼”(即甲鱼)，两个秀才吃后，觉得非常满意。此菜不但色、香、味、形俱佳，而且还有独特的宁波地方风味。他俩美滋滋地饱餐一顿后继续进京赶考。结果一个中状元，一个考上探花，自此店名改为“状元楼”。“红烧冰糖甲鱼”也成了著名的宁波菜肴，一直至今。

“红烧冰糖甲鱼”的具体做法是：

(1) 材料 活甲鱼1只，猪板油50克，冰糖50克，葱段、姜片各10克，料酒、酱油各20克，香醋10克，鲜汤500克，湿淀粉10克，猪油50克。

(2) 做法 甲鱼宰杀，割下甲鱼壳，去除内脏，洗净。甲鱼肉剁成块。猪板油切成丁。甲鱼肉块下入沸水锅中焯去血污捞出，再下入甲鱼壳焯透捞出。锅内放猪油40克烧热，下入葱段、姜片爆香，下入甲鱼块煸炒，烹入料酒，下入猪板油丁、鲜汤大火烧开，改用小火加盖焖烧至微熟。拣去葱段、姜片，加入酱油、冰糖，加盖继续焖烧至甲鱼肉酥烂，加入香醋，用湿淀粉勾芡，淋入余下的猪油略烧，甲鱼肉取出装入盘内，上面盖上甲鱼壳，再将锅内原汁浇在甲鱼上即成。

13. 鲜活甲鱼怎样贮藏?

甲鱼贮藏是养殖单位拉长销售时间，保存产品的必要措施。

根据甲鱼的生态生物学特点，目前贮藏有以下几种方法：

（1）池塘浅水暂养法 一般用水泥池，池深 80 厘米，水深 25 厘米，池中铺细沙 15 厘米，一般每平方米可暂养 20 只。这种方法适合春秋水温不超过 18℃的季节暂养，暂养时间一般在 30 天左右。

（2）地铺暂养法 选择较安静的室内，用砖搭一高 20 厘米的围子，里边铺上湿沙，沙厚 25 厘米，然后把甲鱼直接埋在沙中就可。这种方法适合冬季气温在 8～15℃的季节，一般也可贮存 30 天左右。

（3）冷库贮藏法 这是目前比较先进的贮藏方法，缺点是需要设备投入较大些，贮藏期间制冷需要一定的成本。具体方法是：把冷藏库内的室温调到 12℃，先把要贮藏的甲鱼洗净，然后用布袋每个单装，再逐个装箱，最后把箱叠放到冷藏库中就可，这种方法适合春夏秋冬四季贮藏。应注意的是，夏季因为外边的气温较高，甲鱼放入库内前需逐步降温后才可进库，否则会造成应激死亡。

14. 什么是适度利润销售法？

就是当甲鱼长到一定规格后，通过当时的市场价格核算有适当的利润，就马上出售，不去等传统的销售旺季卖高价的销售方法。这样做的好处是有利润，风险小。如某甲鱼养殖场在温室养殖 10 万只甲鱼，到初夏 6 月出温室时有 30％的甲鱼规格在 400 克左右，经过成本核算每千克为 30 元，而此时的市场价格为每千克 39 元，核算后还有每千克 9 元的利润，就可以卖。如果不卖，就可能出现两种情况：

一是这批鳖移到室外池塘养到年底可长到 600 克以上的大鳖，除去死亡率，产量也增加不了多少，如价格高于 39 元，自然可获得更高的利润；二是如价格降到每千克 39 元以下，而同时其他的甲鱼也都长到了400克以上的商品规格，这无疑给自己增加了销售压力。即使能卖掉，总体效益也不一定会高，特别是一些资金短缺的甲鱼养殖企业，如果到年底价格不好又要还债，就只好亏本销售。

15. 品牌甲鱼怎样进超市销售？

品牌与质量好的养鳖企业，可采用把产品精细包装后到各大城市的超市销售。由于超市销售不同于鳖场坐家零售，它不但要产品质量好，还需天天送货上门，这样不但可为自己的产品打广告，也可通过超市这个窗口获得消费者对自己产品的反馈信息，从而进一步提高自己的产品和服务质量，为今后创品牌打基础。具体做法分以下几步：一是设立专柜摆放产品，专柜可设在水产品销售区，摆放的产品要包装好，最好是透明包装，这样消费者能看到包装里的甲鱼，摆放甲鱼柜台的温度最好不要低于12℃；二是设专人进行不定期促销和产品维护，如果时间长甲鱼有异常就应及时换掉；三是给消费者做好宰杀和清洗的服务，并提供怎样制作的资料和配料。

16. 甲鱼网络营销需要哪些流程？

甲鱼网络营销也叫甲鱼电子商务，是今后甲鱼销售的主渠道之一。甲鱼网络营销的主要流程包括以下几项：

(1) 搭建网络平台 甲鱼养殖企业首先要拥有一个网络平台，即企业网站。因为大部分网络营销方式最终都会把客户引向企业网站，通过企业网站来实现品牌宣传和产品促销的目的。在自己的企业网站里，既可实在又精确地把自己的甲鱼产品和服务用文字、图片向市场公布，又可宣传自己企业的发展理念和前景。所以优秀的企业网站是开展网络营销的基础，很多企业网络营销效果不理想，问题就是出在了这一环节上。因为绝大多数的企业仅仅只是有了一个网站，但并不优秀，这样的网站无法引起潜在客户的购买欲望，也无法使消费者对网站产生信任。如果一个消费者对企业的网站产生怀疑，相应地对企业的产品质量、公司实力都会产生怀疑。这样的网站是难以取得良好的转化率的，因此，良好的网站是迈向成功网络营销的第一步，也是最为关键的一步。所以企业最好能够寻找一家专业的网站设计公司，制作一个真正优秀的企业网站，这样企业在开展网络营销的过程中，往往能够起到事半功倍的效果。

（2）产品推广接单 有了自己的网络商务平台，就要对自己的产品进行推广，也就是做广告，要做好推广，最好有专门的人才进行，有条件的企业可以成立专门的网络营销部。在网络营销推广的过程中，一定要转变营销思路，从“尽可能使更多的人知道”这一观念转变为“把我们的产品和服务提供给最需要的人群”。这也叫“精确营销”，只有这样，企业才能够用最少的资金、人力，在最短的时间内，实现最大的营销效果。通过推广后，就要及时接单进行人性化精确服务。

（3）提货或配送快递 这是一个完全服务的流程，在管理较好的甲鱼养殖企业，会有一套严格的流程制度来完善和提高这项服务。简单地说，就是接单后能把自己最好的产品用最安全的方式、用最快的速度送到客户手中，这也是一个很具体的系统工程，所以在产品挑选、产品包装、提货配送（快递）的环节中下好功夫。

（4）售后服务 售后服务是一项提升网络销售质量的关键，有的企业产品虽好，但因售后服务很差，客户就会远离而去。售后服务的主要工作就是热情接待客户的投诉和询问，及时解决客户的合理纠纷和补偿，尽量满足客户的合理要求等。

17. 怎样进行甲鱼社区配送销售?

甲鱼社区配送销售是一种本地区域极有效果的销售方法，社区销售甲鱼，既方便消费者也给自己找到了产品的终端市场，建立起稳固的消费群。具体方法是：

(1) 建立社区销售点 销售点可结合社区管理部门选定位置，然后在本社区内寻找指定人员管理，销售点不一定要存放许多产品，但可通过需求信息及时配送。

(2) 及时配送 甲鱼鲜活产品大多喜欢新鲜，所以配送及时是很关键的环节。

(3) 优质服务 有些地区的消费者对甲鱼的营养和美味比较了解，但却苦于不会宰杀和烹饪（如东北地区），或宰杀起来费力费时，所以产生想吃不想买的念头。此时，可用现场能帮助宰杀的同时，再提供一份烹饪方法的说明书，就大大方便了消费者。有的甲鱼养殖企业有很规范的渔家乐，专门烹饪甲鱼菜肴，还可提供制作的服务。

18. 怎样宰杀甲鱼?

许多消费者因不会宰杀甲鱼而放弃购买甲鱼，所以，教会消费者宰杀甲鱼是促销的方法之一。宰杀甲鱼有两种方法，一种是活杀，另一种是死杀。

(1) 活杀 把活甲鱼直接杀死，最好有两人进行，因甲鱼的全身都是宝，宰杀时应把它们分类清洗保存待用。所以，在宰杀时应按以下三个步骤：

①做好宰杀前的准备：快刀 1 把（割血管用），竹筷 1 根（让甲鱼咬住以便拉出头颈），小瓷碗 2 只，其中 1 只内装少许白酒（装甲鱼血用），还有 1 只放少许干净水（放甲鱼内脏用），快

剪子 1 把（剖腹），准备工作做好后就可按下面程序宰杀。

②将甲鱼翻过身来，背朝地，肚朝天，当它将脖子伸到最长使劲翻身时，用手抓住其颈部（也有用竹筷引甲鱼咬住后抓其脖颈），同时，把装血的小碗放到跟前。

③一人戴手套抓住甲鱼腹背，另一人用快刀在颈背（头颈的背部为动脉血管）部割断血管，然后把甲鱼血控到小碗中并用竹筷搅动小碗中的血，在控血同时抓住甲鱼腹背的人应把甲鱼提起以利控血。

④杀好后到水龙头把甲鱼冲洗干净，用快剪子剖腹，剖腹最好从侧面把整个甲鱼背部揭开，先摘去背部的肺脏（无用），再取出肝脏、心脏、肠道，如是雄的取出睾丸，如是雌的取出未成熟的甲鱼蛋。然后，把这些内脏放入装有水的小碗中另洗干净。甲鱼剖开去除腹中一切后，再把甲鱼冲洗干净。

⑤用锅把水烧开，再把整只甲鱼在锅中焯一下后取出，取出后剥去甲鱼表皮就可。

⑥内脏洗净后取出肝脏中的胆囊（胆囊可在烧制时捅破将胆汁洒入汤中以增加鲜味，也可把胆囊用白酒浸泡一下后内服，有清肝明目的作用）。

（2）死杀 把经过暂养的甲鱼洗净后用开水直接烫死，然后再去皮开膛，取出内脏。方法是用半盆烧至水温 80℃的热水，将甲鱼放在热水中烫 3 分钟，待表皮起皱后捞出，用手将甲鱼全身的表皮轻轻撕去，再将甲鱼清洗干净。下刀从甲鱼的裙边底下沿周边割开，将盖掀起，去除内脏。死杀的好处是一个人也能进行，特别是杀甲鱼的人不会被甲鱼咬伤，杀起来也比较方便。缺点是这样杀会把甲鱼血淤在体内，略影响甲鱼的口味（主要是在清蒸时）。

19. 甲鱼加工有哪几种类型？

甲鱼的加工在我国起步较晚，且规模小，设备简单。目前我国的甲鱼制品除烹饪加工的宾馆、饭店、食堂以外，粗加工和深加工的厂家不到50家，加工比率只占鲜活商品的3%。而国外日本的粗加工比率为60%，深加工为40%。甲鱼加工的类型，大致可分为食用加工、粗加工、深加工和精深加工。

（1）食用加工 可分为两种类型。一种叫烹饪加工，也叫厨房加工，大多为现加现食，加工品不保存或保存很短时间；另一种是按不同地区的食用口味或食用习惯进行调味配方，并按配方进行机器加工，然后用真空形式包装，保存时间大多在1年以内，如上海的罐装五香鳖肉、浙江的袋装鸡汁中华鳖等。我国目前的鳖加工制品约65%为食用加工。

食用加工的优点是加工工艺比较简单，加工成本相对较低；缺点是保存时间较短，产品销路受地区性口味和习惯的限制，携带也不太方便，故产品出口较难。

（2）粗加工 也叫半成品加工。即把甲鱼不同部位进行分割后，再用加工生产线进行清洗、灭菌、真空包装等工艺制成，产品多保持新鲜状态。粗加工的优点是除分割外，其他生产工艺相对较简单，而产品由于仍保持鲜品状态，可避免消费的地区局限性，特别是经过分割后，给消费者带来了较大的选择性，这给开拓市场带来了便利；缺点是消费者食用需经过再加工，另外产品的保存期也相对较短，特别是加工时分割这道工序较复杂，产品出口只局限于周边国家。

（3）深加工 工艺比较复杂，产品多以胶囊、片剂、口服液和细粉等形式上市。深加工相对投资较大，其不但要建相应规模的厂房，加工机械多为一条龙流水线，还要有相应的技术人才及生产许可。深加工产品不但保存期长，携带和应用也较方便，适合各种层次的消费者购买，所以产品很适合开拓国内外市场。我国目前较知名的深加工产品，有养身堂龟鳖丸、晶磊鳖血丹等。

（4）精深加工 最尖端的加工，也叫成分提炼加工。目前，有关甲鱼抗癌的成分因子的提炼加工还在研发中，但甲鱼蛋白肽的加工已经取得成功，并推往市场。由于甲鱼有很多对人体健康有益的活性成分和一些抗病因子，精深加工将对人类健康带来福音，所以，精深加工是今后发展的方向，也是提升产业发展的必由之路。

20. 甲鱼加工的前景好吗？

甲鱼加工的前景十分看好，其依据是：

(1) 甲鱼是营养丰富的极佳保健品

①甲鱼体蛋白保健作用明显：通过对甲鱼生化分析表明，甲鱼肌肉中蛋白质含量高达20%左右，而脂肪含量只在1%左右。所以，它是一种高蛋白低脂肪的优质食品，特别是甲鱼背甲和腹甲中的蛋白质更高，含量高达50%以上。甲鱼体蛋白质中的氨基酸种类全，含量高。其中，必需氨基酸含量居众食品之首，特别是作为人体主要限制因子的赖氨酸和作为鲜味氨基酸的谷氨酸含量，均高于其他食品。

②甲鱼体脂肪的营养与保健：甲鱼肌肉中的脂肪含量虽然很低，但都是对人体保健极有用的不饱和脂肪酸，其中，二十碳五烯酸（EPA）和二十二碳六烯酸（DHA）可以抑制血小板在血管中的凝聚作用，防止动脉硬化，还可以抑制肝脏对脂蛋白和脂肪酸的合成，促进脂蛋白的转化，防止产生脂肪肝。它们可以改变血液的黏度降低血压，并对增进大脑功能具有特别的作用。研究表明，人体的心理过程与学习行为需要这类脂肪酸的参与，所以，甲鱼体中的不饱和脂肪酸，对缓解人体的高血压、冠心病、心肌梗死以及补脑起着重要作用。

③甲鱼体中其他成分的营养与保健：甲鱼的维生素含量比较高，其中，最高的是B族维生素和维生素E。维生素E具有抗氧化功能，对防止人体细胞老化、化解恶性肿瘤有着很重要的作用。甲鱼肌肉和背甲中的矿物元素含量也很高，有22种以上，

高于大部分食品。特别是背甲中的钙质很丰富，是人体不可多得的钙源，也是老年和儿童防止骨质疏松的最好保健品。甲鱼的微量元素含量也很高，特别是铁和硒元素含量高于人体。众所周知，人体缺乏铁时会造成血红蛋白减少，产生贫血，易疲劳等。硒是人体极为重要的必需微量元素。流行病学资料表明，消化道癌症患者的血清硒含量明显低于健康人。血清中硒的含量高低，与肿瘤死亡率呈明显负相关。即血清中硒含量高，肿瘤患者的死亡率低；反之亦然。这是因为硒具有抗氧化作用，大大降低了体内“自由基”的含量，从而保护了细胞和组织免受损害。此外，动物试验也表明，硒的抗氧化作用，可使多种化学致癌、皮肤癌和淋巴内瘤等病症受到抑制并向正常方向发展。

（2）甲鱼有抗癌作用 甲鱼不但有丰富的抗衰老和提高免疫功能的保健因子，还有较好的抗癌物质。通过甲鱼汤提取液，对小鼠灌胃的试验结果发现：甲鱼汤提取液的抗癌作用与化学抗癌药物 5-氟尿嘧啶（5-Fu）差不多，肿瘤抑制率分别为（5-Fu）68.39%和（甲鱼汤提取液）55.44%。另外，甲鱼的裙边中含有丰富的维生素 B_{17}，而维生素 B_{17} 是国际医学界公认的抗癌物质。

（3）出口市场前景看好 随着入世，我国的淡水水产品出口环境大大改善，特别是对美国和欧盟国家的出口限制减少，只要质量过关，这些国家将为我国淡水水产品出口提供广阔的市场。而作为保健食品的甲鱼加工产品市场会更好。

（4）原料充足，价格便宜 目前，我国甲鱼产量居世界之首，年产量已达20万吨左右，市场价格也已降到每千克50元左右，为甲鱼的加工业提供物美价廉的原料，奠定了雄厚的基础。

二、甲鱼生态习性

21. 养甲鱼为什么必须掌握甲鱼的生活习性？

和其他动物一样，人工养殖要取得好效果，就必须先了解和掌握养殖对象的生活习性、生殖习性和食性，否则就很难在养殖过程中不出差错。如甲鱼的嗅觉灵敏，所以对刺激性大的气味就很敏感，如果气味超过它的耐受能力，就会窒息死亡。养殖过程中一些水体因种种原因会出现氨、甲烷、硫化氢等有毒气体，甲鱼对这些有害气体的耐受力就极低。再如，甲鱼喜夜间顺流爬行，特别在雨天，会顺着河水径流迁移，所以，管理者应做好雨天的防逃检查。因此，养殖者在进行养殖前，首先应该学习甲鱼的习性和生活规律，这样就会在养殖设施的建造和管理中得心应手，取得养殖好效果。

22. 甲鱼为什么喜温怕寒怕热？

甲鱼是变温动物，所以，甲鱼的生活与环境中的温度关系十分密切。一般情况下，当水温低于 15℃时，基本停食；低于10℃时，就停止活动进入冬眠状态；但是当高于 36℃时，活动和吃食也会受到影响；当高于 40℃时，就会停止吃食并减少活动，潜入水底或阴凉处进入“避暑”状态。甲鱼的最适生长温度为 28～31℃，基本生存温度为 10～40℃，最适宜繁殖温度为26～29℃。所以，甲鱼是喜温怕寒怕热的两栖生物。

23. 甲鱼怕惊扰吗？

甲鱼生性胆小，所以喜欢生活在安静的环境中。当然甲鱼对有规律的、声音较轻的环境适应很快，如在优美动听的音乐声中，甲鱼就会很快适应而不躲避。再如，在大自然夜晚的虫鸣蛙叫声中，它反而会有安全感，故也会露出水面，栖于水边或草丛中。相反，对刺激性较强、无节律的噪声却十分敏感，特别是对那些声调强弱不一的汽车马达声、喇叭声和机械刺耳的撞击声，都会影响甲鱼的正常栖息和觅食。另外，甲鱼对移动的影子也较敏感，如在晴天，鸥鸟飞过甲鱼栖息的上空时，阳光反射的影子就会使甲鱼惊扰或出现应激反应，从而影响甲鱼的栖息和觅食，所以甲鱼很怕惊而喜静。

24. 养甲鱼为什么必须搞好水环境？

甲鱼是一种抗逆性和适应性较强的动物，但要达到无公害化健康养殖，甲鱼还是喜欢在既肥活又嫩爽的水环境中生活，而在污染严重的环境中虽然有的也能勉强生存，但却影响它的生长和健康，特别是水体环境的优劣则显得尤为重要。

（1）溶解氧（DO）　就是溶解于水中的单质氧，它是甲鱼在特定环境中（如冬眠、伏夏时）用来维持生命的重要物质，所以无论是温室和室外池塘养殖，池中必须保持每升水中有3毫克以上的溶解氧，否则就会影响甲鱼的生存与生长。

（2）氨　氨是甲鱼养殖水体中一种有害的物质，氨在水体中的产生，主要来自甲鱼的排泄物、剩饵和池中各种生物死亡后尸体在异氧微生物的氨化作用下引起的。当硝酸盐被还原时，氨浓度就会升高并成为无机氮的主要形式（NH_3），在养殖过程中，应对水体进行科学管理，使水体中氨的浓度达到安全标准，即每升水中低于1

毫克。所以，消除水体中的氨在甲鱼养殖生产中十分重要。

（3）透明度 透明度是光照在水中的深度，用厘米表示。它是反映水体生物及各种污物浓度对水体清洁度的影响程度。通常当水中有机物和污物浓度高时，透明度就低；反之亦然。在甲鱼养殖水体中，要求水不要太清，水太清甲鱼会互相挤抓集堆，很容易造成体表损伤；但是，有机物和污物太多，使水体腐败发黑，对甲鱼的养殖也会不利，因为污物在分解过程中需大量耗氧，这样会使水体缺氧，而水体缺氧后又易产生大量的有害物质，如氨、二氧化碳、甲烷和硫化氢等。所以，透明度在室外池塘以不低于 30 厘米为好。

（4）pH 即水体中的酸碱度，pH 以 7 为中性，高于 7 为碱性，低于 7 为酸性。甲鱼喜欢生活在微碱性的水体中，所以 pH 以保持在 7～8.5 为好。

（5）刺激性异味 甲鱼对气味的变化特别敏感，这是因为甲鱼的感觉器官嗅囊特别发达，所以，当异味的刺激超过甲鱼感觉器官的耐受值时，就会发生中枢神经麻痹，造成快速死亡。

25. 盐度太高的水体能养甲鱼吗？

甲鱼是一种生存于淡水环境中的动物，所以，它对环境中的盐度特别敏感。根据甲鱼的生态生物学特性和甲鱼对不同浓度盐水的耐受试验结果为：当盐水浓度为 4%时，甲鱼的最长成活时间为 10.7 个小时；当盐水浓度为 2.8%时，甲鱼的最长成活时间为 24 个小时；当盐水浓度为 2.0%时，甲鱼的最长成活时间为 36.7 个小时；当盐水浓度为 1.4%时，甲鱼的最长成活时间为 48 个小时；当盐水浓度为 1.2%时，甲鱼的最长成活时间为 75 个小时。再如，我们试验在盐碱比例较高的地区建露天甲鱼池，在养殖中甲鱼的生长和存活与淡水池区相差 20%左右，所以研究结论表明，盐对甲鱼的安全浓度为 0.10%。一些沿海地区想发展养甲鱼致富，但如水源中盐度超过0.10%，又无淡化处理能力的就不应考虑养甲鱼。当然，我国目前大多沿海地区的盐度含量较低，所以很多海涂养甲鱼都很成功。而甲鱼的这种生理特性，可能与甲鱼长期生活在含盐极低的溪河与淡水湖泊中有关。

26. 为什么甲鱼喜阳怕风？

甲鱼喜欢生活在阳光充足、通气较好的环境中，而且甲鱼最大的生活特性就是喜欢在阳光下晒背。因为晒背能调节体内的循环，又能增进表皮组织的生长。此外，表皮经阳光照射后还能杀死一些病原微生物，起到防病作用，所以在阳光下晒背是甲鱼的一种生理需要；相反，甲鱼不喜欢在阴暗的环境中生活。我们试验在封闭无光的温室和采光温室中养甲鱼，发病率无光较有光的高出15%（养当地中华鳖），所以要求光照时间不能低于8小时，如无阳光应用灯光补足。此外，甲鱼较怕风特别是寒风，所以甲鱼喜欢向阳背风的环境。

27. 甲鱼是不是什么都吃？

甲鱼的食谱很广，是一种典型的杂食性动物。只要是无公害的，大多数人和畜类、鱼类能食用的食品原料，都可用来给甲鱼做配合饲料或直接投喂甲鱼。此外，甲鱼的嗅觉非常灵敏，所以对气味很浓、特别是刺激性很强的食物特别敏感。在配制和投喂时，应避免气味刺激的原料投入，如生大蒜或气味很浓的中草药等，都会影响甲鱼吃食。

28. 甲鱼的裙边功能是什么？

甲鱼裙边的功能主要是游泳时掌握方向，所以在不同的水域，同样品种甲鱼的裙边也会不一样。如在水流较急的大江大河或风浪较大的大水库里，甲鱼的裙边范围可延伸到甲鱼背甲中线的前缘，所以甲鱼的体形几乎成圆形，而且裙边相对较窄，较厚实坚挺；而一般水域的甲鱼裙边不会超过体背横中线的，所以体形大多呈长圆形，裙边相对较宽薄，不坚挺。如是温室养的甲鱼，因为水是平稳的，所以甲鱼的裙边不但不坚挺还会下垂。

29. 为什么养甲鱼的水不能太清？

虽然甲鱼喜欢干净的水质，但养殖甲鱼水的干净不是指清水，而是指养殖甲鱼的池塘水不能有任何污染和过于混浊。所以，养甲鱼的池塘水也要和养鱼的水质一样，要求是肥、活、嫩、爽。这里的“肥、嫩、爽”，是指水体中应含有一定的浮游生物数量，使水体呈淡绿色，看上去很嫩爽的感觉，这样甲鱼在水中既不会因水太清聚堆而互相撕咬，也不会因水太混影响甲鱼生存，所以我们要求甲鱼池水的透明度以达到30厘米为好。活是指水深要符合甲鱼生活生长的特性要求，水不能太深，因为那样会影响水体的昼夜垂直对流，甚至在高温的夏季会出现对养甲鱼不利的温跃层（也叫隔温层），就是下层水很凉、表层水很烫的现象，使塘水成为一潭死水。而太浅也会影响甲鱼的越冬和夏季水温的缓冲，所以养甲鱼池水以1.2米深为好。

30. 甲鱼为什么喜欢清晨和傍晚觅食？

因为在野生环境中，甲鱼的食物来源于其栖息的自然环境，而甲鱼的生性又比较胆小，所以一般觅食就不敢在干扰较多的时间进行。如白天和晚上都会有一些侵害动物出来活动，特别是人类的捕捉。而清晨和傍晚则是一般侵害动物和人类干扰较少的时间，所以甲鱼喜欢清晨和傍晚出来觅食。在养殖投喂甲鱼时，也应遵循这个习性制订甲鱼的投喂时间，这样不但对甲鱼生长有利，也可更好地安排好人力工作时间，可大大节约人力成本的支出。

31. 什么叫野生甲鱼?

野生甲鱼是指其亲本完全在自然的野生水域生长成熟，并在野生环境中自行繁殖后代，其食物来源也完全来自天然产生的饵料的甲鱼。根据多年观察野生甲鱼的经验，野生甲鱼的外形特征是体扁较薄，体色光亮自然，特别是腹部裙边处呈自然的淡黄色，裙边不宽但厚实坚挺，大多前脚趾钝但坚硬，脖子细长。行为上反应灵敏，逃逸迅速，当腹部朝上时会很快翻转。解剖后腿部脂肪淡黄色，肠细长，肠内物大多为螺壳和草纤维，雄性睾丸较大。

32. 为什么野生甲鱼腿部脂肪是淡黄色的?

这是因为在野生环境中，甲鱼的食物是不固定的。在通常情况下，甲鱼爱吃的动物性饲料往往很难满足甲鱼生存和生长的需要。所以，甲鱼只好吞食大量的植物性饲料来补充，这些品种多样的植物性饲料中，不但有甲鱼所需的蛋白质等主要营养物质，还有各种维生素，当然也有能使甲鱼脂肪逐渐变黄的胡萝卜素。由于甲鱼在野生环境中的生长因受气候条件和饵料来源的限制，生长速度要比人工养殖慢，如华东地区从出壳到成熟需 4～5 冬龄。所以，甲鱼腿部脂肪的黄色，是甲鱼在野生环境中长期摄食野生植物性饲料后胡萝卜素积累的结果。通常是年头越长、个体越大的野生甲鱼腿部脂肪越黄。当然，长期吃螺的甲鱼腿部脂肪和体色也是微黄色的，因为螺中的甲壳素也会使甲鱼体色和脂肪变黄。如目前广东和广西地区长期投喂福寿螺，养殖的甲鱼体色和脂肪就是黄色的，所以价格卖得很高。当然，野生环境中甲鱼能吃到的螺没有人工特意喂的那么多，所以体色就不是很黄。

33. 不同生长阶段的甲鱼怎样称呼？

根据甲鱼不同生长阶段的体重和成熟年龄，可分为以下几个阶段：

（1）亲鳖 即经过精心选择和培育达到性成熟，可用来繁殖的鳖。要求个体体重 1 000 克以上，年龄野外自然环境生长的 5 冬龄以上，人工加温和野外相结合培育的 4 冬龄以上，雌亲鳖平均年产受精卵 30 枚以上。

（2）稚鳖 出壳后 24 小时以内，卵黄囊未消失，羊膜未脱落，营养靠卵黄囊，个体重 3～5 克。

（3）鳖苗 稚鳖暂养 24 小时以后，卵黄囊消失，羊膜完全脱落，开始吃食，营养从外源摄取，并经过人工培育一段时间后，个体重达到 3～50 克。

（4）鳖种 鳖苗经过几个月的人工培育，鳖个体体重在50～400 克，其中，50～250 克的为小鳖种，250～400 克的为大鳖种。

（5）成鳖 鳖种经过人工养殖后，个体重达 400 克以上，可上市作商品的鳖。

三、甲鱼品种

34. 我国目前有哪些甲鱼品种?

我国目前的甲鱼品种有国内土著品种 3 个，即中华鳖、山瑞鳖和斑鳖。其中，中华鳖为我国主要养殖品种，除西藏和青海外分布于全国各地。山瑞鳖主要分布在我国的西南地区，其中以广西居多，因山瑞鳖繁殖率比较低，所以野生群体比较少，故列为我国二级保护动物。但从 20 世纪 90 年代开始，人工繁殖驯养成功后，开始进行人工养殖，但由于山瑞鳖不耐低温，所以人工养殖也只局限于华东以南地区和工厂化养殖。斑鳖是我国极稀有的野生动物之一，其珍贵可与熊猫同论，目前野生几乎绝迹，只有少数几个公园还护养着几个。此外，也有报道一些地方选育和发现一些新的甲鱼品种，如浙江的乌鳖、广西的墨底鳖、湖南的砂鳖和小鳖等。

近年来，我国从国外引进的甲鱼品种比较多，其中，目前驯养比较好的有日本的日本鳖、美国的佛罗里达鳖（珍珠鳖）、加拿大角鳖（刺鳖）、泰国鳖。

35. 我国的中华鳖有多少地域品系?

中华鳖是我国目前养殖的主要品种。但因我国幅员辽阔，南北东西之间气候和环境的差异大，所以，各地域之间也出现一些生态地域品系，它们的商品在市场上也因地域品系的不同而价格不同，有的甚至相差很大。

(1) 北方品系（北鳖） 主要分布在河北以北地区，体形和特征与普通中华鳖一样，但较抗寒。通过越冬试验，在10℃至－5℃的气温中水下越冬，成活率较其他地区高35%，是一个很适合北方和西北地区养殖的优良品系。

(2) 黄河品系（黄河鳖） 主要分布在黄河流域的甘肃、宁夏、河南、山东境内，其中，以宁夏和山东黄河口的鳖为佳。由于特殊的自然环境和气候条件，使黄河鳖具有体大裙宽、体色微黄的特征，很受北京等地市场的欢迎，生长速度与太湖品系差不多。

(3) 洞庭湖品系（湖南鳖） 主要分布在湖南、湖北和四川部分地区，其体形与江南花鳖基本相同。但腹部无花斑，特别是在鳖苗阶段其腹部体色呈橘黄色，它也是我国较有价值的地域中华鳖品系，生长和抗病与太湖鳖差不多。

(4) 鄱阳湖品系（江西鳖） 主要分布在湖北东部和江西及福建北部地区，成体形态与太湖品系差不多，但出壳稚鳖腹部橘红色无花斑，生长速度与太湖品系差不多。

(5) 太湖品系（笔者1995年取名江南花鳖） 主要分布在太湖流域的浙江、江苏、安徽、上海一带。除了具有中华鳖的基本特征外，主要是背上有10个以上的花点，腹部有块状花斑，形似戏曲脸谱。江南花鳖是一个有待选育的地域品系，它在江、浙、沪地区深受消费者喜爱，售价也比其他鳖高，特点是抗病力强，肉质鲜美。

(6) 西南品系（黄沙鳖） 我国西南、广西的一个地方品系，体长圆，腹部无花斑，体色较黄，大鳖体背可见背甲肋板。其食性杂，生长快，但因长大后体背可见背甲肋板，在有些地区会影响销售形象。在工厂化养殖环境中，鳖的体表呈褐色，有几个同心纹状的花斑，腹部有与太湖鳖一样的花斑。在工厂化养殖环境中，生长速度比一般中华鳖品系快。

(7) 台湾品系（台湾鳖） 主产我国台湾南部和中部，体表和形态与太湖鳖差不多，但养成后体高比例大于太湖品系。台湾品系是我国目前工厂化养殖较多的中华鳖地域品系，因其性成熟较国内其他品系早，所以很适合工厂化养殖小规格商品上市（400 克左右），但不适合野外池塘多年养殖。

36. 黄河鳖的体色为什么会微黄色？

主要是环境所致，因为黄河甲鱼主要生长在黄河流域，由于那里的土质是以黄色土质为主，所以养成的甲鱼体表颜色基本是微黄色。特别是黄河流域地区的养殖方式基本处于原始的野外传统模式，而气候条件又要比江南和华南地区要冷，所以生长速度相对较慢，特别是越冬时间要比长江以南长，由于越冬期间甲鱼基本是在池底的黄泥洞窝里蛰伏，所以体色也就会随环境变化。甲鱼体表的微黄色给商品带来了价值，因为一般认为，微黄体色的甲鱼可视为是野生的标志，所以市场价格也比其他颜色的甲鱼要高一些。但黄河甲鱼引到其他水系养殖后，体色也会随当地土质和水色而变化，所以不是黄河甲鱼的体色就是淡黄色，它只是我国中华鳖品种的一个地域品系而已。

37. 洞庭湖品系和鄱阳湖品系有区别吗？

洞庭湖品系和鄱阳湖品系都属中华鳖，所以它们的体形基本没有什么大的差异，但体色和体表的花斑有较大的差异。

（1）体色 一般洞庭湖品系在野外养殖的背部体表色泽为黄褐色，腹部为白色或略带黄，在工厂化封闭性温室中养殖变为深褐色。鄱阳湖品系在野外养殖的主要为褐色，有些略偏红褐色，在工厂化养殖环境中为黑褐色。两个品系之间的差异，不影响它们的养殖效果和营养结构，笔者认为，这些体色的差异可能与当地的水质和养殖环境中池塘的土质有关。但刚孵出的鳖苗体色差异是否与遗传有关还有待研究，如笔者在 1993 年于湖南取的

50 000只刚孵出的鳖苗样本中观察，有87%鳖苗的底板成橘黄色；而同年在鄱阳湖品系的48 000只鳖苗中，发现底板呈橘红色鳖苗的数量占总数的79.3%。但近几年这两个品系的鳖苗因种种原因，底板的体色也有很大的变化，有的甚至出现了花斑，原有体色的数量已大大减少。

（2）花斑 正宗洞庭湖品系无论是鳖苗还是成品，体背和腹部都没有花斑；鄱阳湖品系只有体背有花斑，腹部没有花斑。

38. 中华鳖太湖品系为什么叫江南花鳖？

这是笔者在1995年，根据太湖品系的外部特征和体表的花斑所取的俗名。主要依据是太湖品系背上有10个以上的花点，腹部有块状花斑，形似戏曲人物的脸谱，它的原生产区又在我国的江南，取其江南花鳖以与其他甲鱼的区别。太湖品系是一个有待选育的地域品系。它在江、浙、沪、皖地区深受消费者喜爱，售价也比其他鳖高，特点是抗病力强，肉质鲜美。

39. 台湾品系和太湖品系有什么区别？

台湾品系主产于台湾南部，其和太湖品系在外形和体色上几乎相同，但在腹部的花斑上有些区别，即台湾品系腹部的花斑块状要比太湖品系的小。通过1 600只样本的观察对比，差异明显，特别是靠近尾部的花斑更为明显。在繁殖效果上，台湾品系比太湖品系要早熟，所以一般台湾品系到600克以上基本都能产蛋受精，而太湖品系要到750克以上才会正常产蛋受精。

40. 黄沙鳖可以在华东以北地区养殖吗？

黄沙鳖主产西南的广西，所以叫中华鳖西南品系，之所以叫黄沙鳖或叫广西黄沙鳖，这与原产的土壤水质有关系。在黄沙鳖产量最高的广西贵港地区，土质主要是带有大量黄色矿砂的黄壤土，所以其养殖的池塘水也基本呈自然的土黄色，养出的商品体色也就与当地的黄沙颜色相近。但在工厂化封闭性温室中养殖，体色几乎和太湖品系相同，也就没有了黄沙颜色。由于西南的纬度要比华东地区低，所以年平均气温也要比华东地区高些，因此黄沙鳖的抗低温能力相对要差些。我们在五年前引进体重 5 克的鳖苗直接在外塘培育到 12 克越冬，越冬的成活率只有 18.23％。但通过引进鳖苗采用工厂化培育至 400 克以上后，再移到外塘养殖，培育到 750 克时越冬的成活率提高到 85.16％。可以说，只要养殖模式合理、科学，黄沙鳖是可以在华东地区推广繁养的。

41. 日本鳖和中华鳖（日本品系）是一个种吗?

是的。日本鳖主要分布在日本关东以南的佐贺、大分和福冈等地，也有传说是日本引进我国太湖流域的中华鳖选育而成（但未见有文献报道），故也有叫日本中华鳖的。我国于 1995 年引进日本鳖，经过十几年的驯养，现在已能在我国一些地区养殖推广，目前被农业部定名为中华鳖（日本品系）。

42. 日本鳖的养殖优势有哪些?

通过试验和大面积养殖结果比较，日本鳖有以下种质优势：

(1) 养成阶段生长速度快　通过试验和大面积养殖结果比较，日本鳖在同等条件下，养成阶段的生长比其他甲鱼快。但在 250 克以内时比泰国鳖要慢 6％，和中华鳖一样；在 250～400 克时基本持平；但到 400 克以上的养成阶段，要比中华鳖快 20％以上，比泰国鳖快 50％以上。如采用在工厂化培育苗种至 400 克左右，再移到室外养成商品鳖的两步法养成模式时（总养殖期为 14 个月），在室外的 4 个月中，用同样的管理方法和饲料投喂，日本鳖平均增重 400 克以上，中华鳖平均增重 310 克，而泰国鳖平均增重不到 250 克。通过对试验甲鱼的解剖后分析认为，日本鳖生长快的原因有以下几点：一是性成熟较晚，通过培育对比发现，日本鳖的性成熟和中华鳖、泰国鳖都较晚，如中华鳖雌性一般体重 750 克完全成熟达到产蛋高峰，泰国鳖雌性 600 克完全成熟达到产蛋高峰，而日本鳖的完全成熟达到产蛋高峰须 1 000 克以上，而任何生物的快速生长主要是在性成熟前，因性成熟后摄入的很大部分营养和能量消耗在性腺周期成熟和性行为上，所以性成熟晚是因素之一；二是消化吸收功能好，通过解剖和养殖的试验证明，日本鳖强劲的消化吸收功能，使日本鳖有很大的摄食量和很好的吸收营养物质，从而加快机体组织的合成积累。

(2) 抗病性能强 除了对环境要求较严苛外，日本鳖在整个养殖过程中很少发病，特别是严重影响销售外观的腐皮病，这可能与其较厚的体表皮肤和相对温驯的特性有关。

(3) 商品品质好 甲鱼的品质好坏，从外观形态比较，主要是看甲鱼的裙边和肥满度，一般裙边宽厚坚挺，肥满度适中的为优品；而裙边薄窄绵软和过肥或过瘦（背部露甲影）的为较差。日本商品鳖一般都具优质的体征。从检测品质比较，主要看鲜味氨基酸的多少和肌外含脂量的高低，一般鲜味氨基酸含量高、肌外含脂量低的为优品（指腹腔和腿部肌外脂肪）；否则反之。通过国家水产品检测中心分别对日本鳖、中华鳖在同样环境条件下，用同样管理方法养殖的样本进行检测的结果见表 1。

从表 1 中看出，日本鳖的生化检测品质也很高。

(4) 繁殖力强 通过对日本鳖、中华鳖、泰国鳖三个品种成熟亲鳖连续 5 年的繁殖观察统计，日本鳖第一年的产卵量为 40 枚，受精率为 73%，孵化率为 90%以上；最高的第四年为年产卵 68 枚，受精率 81%，孵化率 96%；从第五年开始略有下降，对比结果平均比中华鳖和泰国鳖高出15%以上。

表1　日本鳖、中华鳖每100g鳖生化成分检测结果（克）

项目名称	日本鳖	中华鳖	与中华鳖比较（%）
氨基酸总量	19.99	11.04	高44.7
鲜味氨基酸总量	8.30	4.21	高49.31
蛋白质	18.18	16.50	高9.24
脂肪	4.64	6.00	低22.67
灰分	1.02	0.9	

注：①测定样本取自杭州天福生物科技有限公司；②鲜味氨基酸总量含谷氨酸、丙氨酸、甘氨酸、天门冬氨酸。

（5）生命力强，耐存放运输　由于日本鳖的生命力很强，所以，给长期鲜活贮存和长途运输带来了方便。如用网袋包装，用汽车在浙江气温28℃与海南三亚气温32℃的气候条件下，从北往南运时50小时，在途中不采取任何措施的情况下，同时运鳖苗（3～5克）、鳖种（350克）和后备亲鳖，成活率为100%。在室温20℃的贮存室，用网袋包装置放60天无一死亡；在室温15℃，置放90天也无一死亡。

43. 为什么有些地方日本鳖养不好？

这是因为日本鳖对养殖环境的要求很高，如控制不好极易发生暴发病死亡。特别是早春时节，是暴发性疾病发生的重点季节。这是因为早春时气候昼夜温差大，池塘的水温也会昼夜变化，而水温的变化又会促使甲鱼越冬后的行为变化，甲鱼的行为变化又会对池塘的水环境产生影响，反过来水环境的影响和变化又会导致甲鱼疾病的发生。如早春三月的天气，可使当日气温达到28℃，池塘水温也可随之提高到25℃以上，这时甲鱼就会随着气温和水温的提高而增加活动量，但因早春季节的春风还比较冷，而甲鱼又最怕冷风，所以虽然白天的气温较高也有阳光，但甲鱼却不会爬上岸来晒背。因此，甲鱼的活动基本在水中和池底，甲鱼在水中和池底的活动会搅动底泥泛起，使水体呈混浊的泥浆状，这种水环境是最容易引发甲鱼疾病的，特别是夜间甲鱼回到水底时的呼吸靠咽喉腔的鳃状组织吸水呼吸，就会吸入水中大量悬浮状的泥浆颗粒，从而暴发鳃状组织坏死症而大批死亡。一些初养鳖的养殖企业，因不知道日本鳖对水生环境的特殊要求，还按国内一般品种的管理方法进行养殖，就难免会出现引进后养不好的结果。

44. 泰国鳖为什么只适合在温室养？

这是因为泰国地处东南亚温热带，年平均气温在 25℃以上，所以甲鱼的成熟比较早。试验发现，在工厂化温室里，泰国鳖一般 400 克就开始交配产卵。在野外池塘养殖一般也在 450 克开始交配产卵，所以生长个体相对就较小，特别是甲鱼性成熟后的生长开始减慢，所以它只适合在温室里快速养成 350 克以上的小规格商品上市，而小规格商品正是华东地区一些城市居民家庭喜爱食用的规格。所以，无论从养殖生长还是市场需求考虑，泰国甲鱼在温室养成商品比较合适，不适合到野外养成大规格商品上市。

45. 珍珠鳖的市场前景如何？

珍珠鳖的学名是佛罗里达鳖，原产于美国佛罗里达州，20 世纪 90 年代引入我国。到目前为止，珍珠鳖在我国无论是工厂化养殖还是野外池塘养殖都已成功，但繁殖的数量还是较少。珍珠鳖是个大型品种，一般在 1 000 克以上时生长最快，目前上市的商品规格大多在 10 千克以上，市场价格在每千克 70 元左右，虽然价格不算太贵，但买一只 10 千克的整甲鱼，也要 700 元。珍珠鳖的市场主要是在大型的宾馆、饭店，一般家庭很少购买。由此看出，珍珠鳖的市场需求是有，但量不大。所以，发展的速度不必求快而是要根据市场需求来求稳，但随着今后加工业的发展，珍珠鳖作为一个既好养又长得快的大型甲鱼品种，必然是一种加工原料，所以前景一定看好。

46. 角鳖养殖能发展起来吗？

角鳖也叫刺鳖，主产于美国和加拿大，和珍珠鳖一样是个大型品种，一般商品也在 10 千克以上。角鳖近几年引进的人多，但发展的较慢，与珍珠鳖一样同样存在繁殖和市场的问题，所以发展慢些是很正常的，但以后的前景肯定和珍珠鳖一样也会逐步走好。

47. 杂交鳖有什么优缺点？

人工杂交是人类有目的地创造生物变异的重要方法，也就是使杂交亲本的遗传基础通过重组、分离和后代选择，育成有利基因更加集中的新品种，这种有性杂交结合系统选育的育种方法叫杂交育种。人工杂交的目的和优点有：一是育成有利基因更加集中的新品种；二是具有性能优势的杂交一代（F_1）用于生产。其中，前者是个长期的过程，一旦育成可作为新品种长期应用；后者是用优势性能的不同纯品种杂交后，直接用于生产以提高生产力。

缺点是如不严密隔离和不认真遵循应用目的，就会产生严重的杂交污染，会使一个物种在一个地区甚至一个流域造成混杂和退化。这是因为杂交后代会产生优势分离，所以在应用于生产时只能用杂交一代即（F_1）。但目前许多地方却忽视了杂交在管理缺失的情况下产生的负面结果，即杂交污染。甲鱼与其他生物还有一定的区别，如植物、家畜等，甲鱼目前的流动性很大，在不规范的操作下不易觉察、控制，它可以借助水流、养殖、运输当中防护不好的逃逸，从一个水域进入另一个水域，且比较隐蔽，所以极易造成杂交污染。

48. 各地引进甲鱼品种应注意什么？

引进优良品种，是企业优化种质的积极措施，但在引进过程中应注意以下几点：

（1）要到有资质的正规良种单位去引进，不要到一般没有良种繁育能力的养殖企业引种，更不要通过来路不明的中间贩子手中引种。所以，引种前最好到引进单位去考察摸底。

（2）引进的品种要纯，不要引进种质不明、来路不清的品种，更不要引进假良种。

（3）引进的品种要进行病原检疫，否则易带进新病原。

（4）初次引进数量要少些，引进后要进行隔离驯养和养殖观察，对不适应或无优势的品种，就不应大量盲目引进。

（5）引进的品种要健康，对处于发病状态的品种即使优良也不要急于引进。

49. 为什么说本地品种是最好的养殖品种？

这是因为本地品种是经过在本地域生态环境中长期适应进化的最优品种，它们无论从环境的适应、疾病的抵抗、食物的选择、后代的繁殖和本身形态体色的稳定性，都具有任何外来品种无法比拟的优势。如日本鳖虽然在生长和质量上确实要比中华鳖土著品种明显，但它对水生环境的要求，使许多地区到现在仍是影响养殖成活的一个致命因素。特别是本地品种的外表体形体色，也是本地消费者长期积累的认同。如同在浙江的日本鳖，因最早是杭州地区引进的，杭州地区的消费者对它的认同就要比宁波地区的消费者要高。如黄河品系在北方地区就很有市场，但到江浙地区就要差于当地有花斑的太湖鳖。所以，笔者认为本地土著品种才是当地养殖企业首选的品种。

50. 甲鱼品种为什么要不断选优？

不管是本地品种还是从外地引进的优良品种，在一个地区长期养殖，都会产生地域环境稳定性退化现象。所以，当气候或环境稍有变化时，就会降低应对能力而影响养殖效果，因此不断在环境变化中选择优化种质，是养殖企业不可少的工作。但到目前为止，大多养殖企业仍采用只要能产蛋就当种的传统留种方法，这种观念不改变，种质退化造成的损失是早晚的事情。所以，品种的不断选优是养殖企业很重要的甲鱼高效养殖措施之一。

51. 甲鱼品种选优应怎样进行？

品种选优根据养殖企业自身的科技条件和品种特点，可采用以下几种方法：

（1）平常选优　对正常补充的后备亲鳖，要从已有的群体中进行选择，使之后代越来越优。选优可从 250 克以上的鳖种开始选择，选择强度为鳖种阶段 30%，成鳖阶段 20%，即从 250 克到 500 克的群体中，每 100 只中选择 30 只各方面都优的作为养成后备的群体进行培育。然后，再从这批已经选出的并养到 500 克的群体中选出 20 只作为以后繁殖后代的亲鳖。选择的标准可参考国家和行业制定的标准执行，也可按本地地方标准和企业标准执行。

（2）突发选优　在遇到某种突发性疾病暴发或严重的应激性

环境造成大批死亡后生存下来的甲鱼中选优，使具有能抵抗某种疾病和应激环境的优良性。

（3）定向选优 在本地品种中有方向的制订选优目标，然后按这个目标要求进行选优，如生长快、质量好或形态与众不同等特点的目标方向。

品种选优与品种选育不同的是，前者选优是在原来的品种中进行，其品种本质不变；选育是改变原来的本质育成一个新的品种。所以，选优一般的生产企业都能进行。

四、甲鱼种苗繁育

52. 什么叫甲鱼繁殖？

甲鱼繁殖，就是选好的成熟甲鱼品种，经过雌雄交配后，雌亲鳖再经过几个阶段的培育（一般分产前、产中、产后培育），腹中的卵细胞两极产生，此时只要气候温度适宜就会产卵，产卵后，卵会在适宜的环境中孵出稚鳖的过程，叫甲鱼繁殖。一般不同的品种繁殖的时间也不同，要求的条件也有差别。如中华鳖和山瑞鳖卵的孵化时间，同样控制在室温30℃的情况下，中华鳖卵只需45天，而山瑞鳖卵则需要60天。甲鱼种苗繁殖的生产工艺为：亲鳖挑选→性比搭配→亲鳖培育→亲鳖产卵→鳖卵孵化→稚鳖暂养→亲鳖越冬。

53. 挑选亲鳖有哪些标准？

亲鳖选择的标准有以下几条：

（1）外形 亲鳖的外形要求体征完整，体表无伤残、无畸变，体色自然有光泽。

（2）行为 行动有活力，反应灵敏，腹部朝上时翻身灵活，逃逸迅速。

（3）体重 根据品种的不同要求也不同，一般中华鳖亲鳖雌雄的体重要求750克以上，日本鳖1 000克以上，泰国鳖500克以上，珍珠鳖雌鳖3龄以上，体重1.0～3.0千克，雄鳖3龄以上，体重 1.5～3.0 千克；选择亲鳖日期在 9 月中下旬或翌年亲鳖苏醒后进行；选择率为 80%～85%。

54. 不同品种亲鳖的性比应怎样搭配合理？

成熟亲鳖性比搭配合理与否，关系到亲鳖的培育成活率、鳖蛋的受精率，所以，合理搭配好亲鳖的雌雄比例十分重要。但因鳖的品种不同，性比搭配的要求也就不同。目前我国养殖的甲鱼品种性比搭配见表 2。

表 2　不同品种亲鳖雌雄搭配比例

甲鱼品种	体重（克）	性比	
		♂	♀
中华鳖 太湖品系、黄河品系、鄱阳湖品系、洞庭湖品系	750～1 000 1 000 以上	1 1	4 5
中华鳖 西南品系（黄沙鳖）	1 000～1 500 1 500～2 000 2 000 以上	1 1 1	5 6 8
中华鳖 台湾品系	500～750 750 以上	1 1	4 5
日本鳖	750～1 000 1 000～2 500 2 500 以上	1 1 1	5 6 8
泰国鳖	400～500 500 以上	1 1	4 5
珍珠鳖	2 500～3 000 3 000 以上	1 1	6 8
角鳖	2 500～3 000 3 000 以上	1 1	6 8
山瑞鳖	1 000～2 000 2 000 以上	1 1	5 6

55. 亲鳖培育的放养密度多少合理？

合理的放养密度，同样是提高培育亲鳖成活率和产蛋率的关键。亲鳖的培育放养密度，按不同品种和规格密度也不同，不同品种和规格的亲鳖放养密度列于表3。

表3　不同品种与规格亲鳖的放养密度

甲鱼品种	体重（克）	放养密度（只/亩*）
中华鳖 太湖品系、黄河品系、 鄱阳湖品系、洞庭湖品系	750～1 000 1 000以上	600 500
中华鳖 西南品系（黄沙鳖）	1 000～1 500 1 500～2 000 2 000以上	500 400 300
中华鳖 台湾品系	500～750 750以上	700 600
日本鳖	750～1 000 1 000～2 500 2 500以上	500 400 300
泰国鳖	400～500 500以上	700 600
珍珠鳖	2 500～3 000 3 000以上	200 150
角鳖	2 500～3 000 3 000以上	200 150
山瑞鳖	1 000～2 000 2 000以上	300 200

* 亩为非法定计量单位，1亩=1/15公顷。

56. 亲鳖池多大面积合适？

因为亲鳖的个体比较大，一般要几年清一次塘，特别是亲鳖还要越冬，所以池塘的面积应大些。为了便于管理和采卵，亲鳖池塘的面积以5～10亩为好，池塘设施有产卵场、饲料台、晒背台、草栏、进排水和防逃设施等（图1）。多年的实践证明，亲鳖池的形状以长方形为佳，理由一是长方形的培育池有利水体对流和水体交换，也就是有益于水环境的改善；二是因产卵场设在池的长边一头，有利亲鳖上产卵场产卵；三是便于投喂饲料，因为饲料台一般与产卵场同在一边，所以也利于亲鳖上岸吃食；四是清塘消毒时也容易排水和进水；五是利于池中养草。亲鳖池的长形方向以东西为佳。

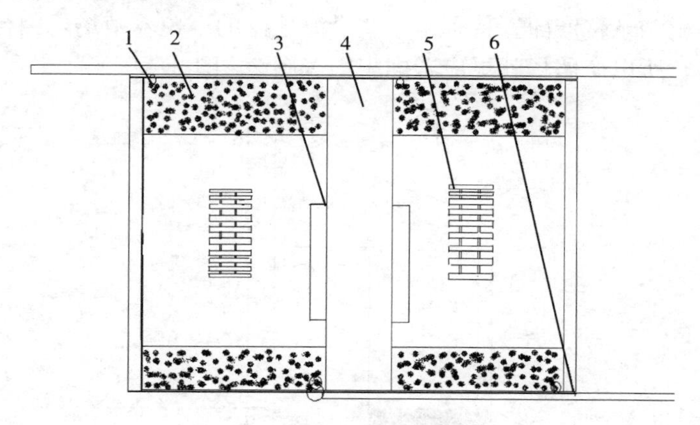

图1　亲鳖池平面布置图

1. 进水口　2. 草栏　3. 产卵场、饲料台　4. 池堤　5. 晒背台　6. 排水口

57. 建产卵场应注意哪些问题？

亲鳖池中的产卵场是亲鳖产蛋的场所，所以一定要注意以

下几个问题，否则会影响亲鳖产蛋，也会影响亲鳖的健康培育。

(1) 抗惊扰 产卵场一定要建在安静的地方，一般不要建在干扰较大的家属区和大型交通干线边。

(2) 坐北朝南 和人的住宅一样，亲鳖产卵场也应坐北朝南，这样容易提高产卵床中沙子的温度，有利于第二天早晨亲鳖产卵。而亲鳖一般也喜欢在产卵床的沙子中东西向爬行，寻找合适的产卵位置。

(3) 要挡风遮雨 过去产卵场建得过于简单，一般只在一头设一块遮雨的瓦，实践证明，这样既挡不住风雨也防不了敌害，往往损失比较大。所以，产卵场一定要建成房式，才能起到挡风遮雨和防止敌害的作用。

(4) 要牢固 有的地方产卵场过于简陋，常常被风雨刮倒，严重影响亲鳖产卵。特别是一些沿海地区的甲鱼养殖场，因台风较多，所以产卵场就更应考虑牢固（图 2、图 3）。

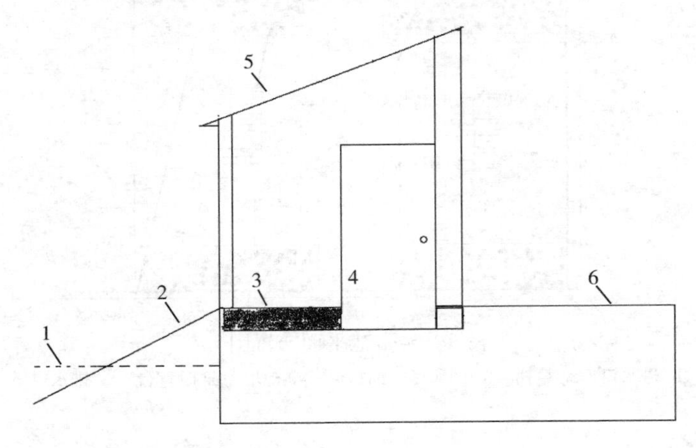

图 2　产卵场断面图

1. 水面　2. 上坡　3. 产卵床　4. 门　5. 屋顶　6. 池堤

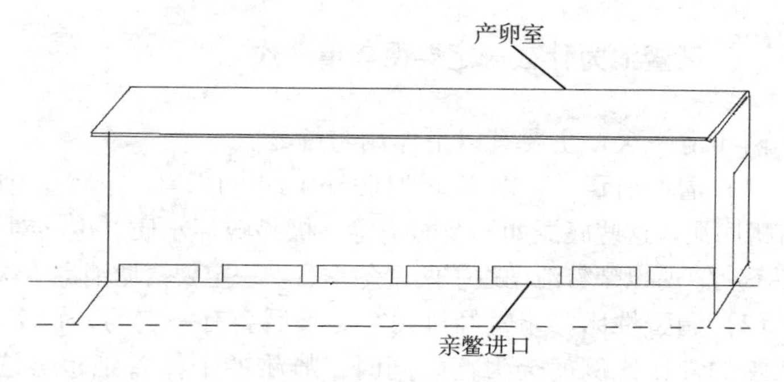

图 3　亲鳖产卵场立面图

58. 亲鳖池为什么要养好草?

亲鳖培育要做到成活高，产蛋多，就必须有个好的水生环境。而多年的经验表明，要把亲鳖培育池塘的水生环境达到高标准，必须养好池中的水草，因为养草有以下好处：

（1）净化水质　水草的根系比较发达，它能吸附甲鱼池中的有机悬浮污物，使水体净化。试验发现，在有一定面积的水草和没有水草的对比中，甲鱼养殖池水体透明度相差很大。所以，水草对甲鱼养殖水体的净化作用是明显的。

（2）隐蔽场所　甲鱼怕惊扰，所以在养殖环境中必须有好的隐蔽环境。在甲鱼养殖池塘中种养一定面积的水草，可为甲鱼提供安全的隐蔽环境，特别是亲鳖在产卵期更为重要。

（3）提供草料　一些水草的嫩芽也是甲鱼的好饲料，甚至还是防病的中药。如在亲鳖池塘中养花生草（学名喜旱莲子草，别名革命草），对亲鳖的防病就起到很好的作用。如 2004 年是日本鳖亲鳖死亡较多的一年，但浙江省海宁市养殖户朱国饶的亲鳖就不死，据分析与其在亲鳖池塘中养花生草有关。

59. 亲鳖池为什么一定要两年清一次？

两年清一次，主要有以下作用与好处：

（1）清塘消毒 一般亲鳖池塘经过两年的积累，池底会有较多的有机底泥，这些底泥如不及时清除，极易败坏水质，也会对亲鳖越冬不利。所以亲鳖池塘过了两个冬季后，一定要清塘消毒1次。

（2）调整性比 亲鳖经过两个冬龄后会有一定的死亡率，这时亲鳖的性比比例就会失衡，同时，雌雄的个体差别也会增大，所以两年一次的清塘进行性比调整十分重要。

（3）补充亲鳖 通过清塘摸清池塘中亲鳖的实际存池数量，及时补充亲鳖，可大大提高池塘利用率和产卵数量。

60. 产卵床沙子的湿度会影响亲鳖产卵吗？

亲鳖产卵需要适合的环境，亲鳖在产卵前会在产卵场不停地爬行寻找适合产卵的场所。特别是产卵床的沙子粗细和湿度是否合适，是决定亲鳖是否产卵的主要因素之一。如湿度太大，产下的卵在很湿的沙子中孵化肯定会影响到孵化率，所以鳖不会产卵；相反，如果湿度太小，干松的沙子亲鳖也无法挖穴产卵，所以也不会产卵。这也就是在野生环境中，亲鳖会根据当年的气候选定产卵的位置高度一样，如亲鳖的感应认为当年的气候雨水较多，就会选择较高的地方产卵；否则反之。那么，产卵床中的沙子湿度多少合适呢，根据多年的经验，湿度以8%左右最好，也就是手抓成团，手松即散就可。

61. 未受精的甲鱼蛋能喂甲鱼吗？

一些大型甲鱼场在自繁自育甲鱼苗种的生产中，会有为数不少的未受精甲鱼蛋，但一直以来都认为不能喂甲鱼，理由是甲鱼吃了甲鱼蛋后会吃小甲鱼，于是就把这些甲鱼蛋送人或喂别的养殖动物，笔者认为实属可惜。和别的动物所产蛋一样，甲鱼蛋是由蛋白和蛋黄组成，不同的是甲鱼蛋的蛋黄比例是全蛋的90%，而其他动物蛋的蛋白和蛋黄的比例为各占50%左右。所以，甲鱼蛋的营养是很丰富的，特别是健脑的卵磷脂，要比一般动物的蛋高出几倍。而认为甲鱼吃了甲鱼蛋后会吃甲鱼的理由是没有科学根据的，因为我们曾用未受精的鳖蛋打碎去壳后拌到稚鳖饲料中投喂稚鳖，稚鳖不但生长快，体质好，其长大后也没发现吃小甲鱼。其实未受精的甲鱼蛋喂甲鱼也是很可惜的，因为甲鱼蛋营养丰富，应该开发成产品投放市场。据不完全统计，我国每年有近6 000万枚未受精的鳖蛋，如加工成营养品投放市场，也将是一笔不小的财富。

62. 什么样的孵化箱和介质孵化蛋比较好？

孵化箱是装甲鱼蛋的孵化床，内有载蛋介质。孵化箱过去常用木板制成。近年来，各地因地制宜用不同材料做成各种规格的孵化箱，效果都不错。做孵化箱只要达到以下几条基本要求，各地可根据本地的材料资源制作就可以。

（1）牢固 在甲鱼蛋的孵化过程中，一些装载量大的孵化房里多采用多层叠放式。在孵化过程中的温层调整，是一般孵化操作的工序之一，此时，如孵化箱不牢固就极易发生破箱事故。

（2）防腐 由于在正常孵化期间孵化室内的湿度要求达到80%，所以，防腐是做孵化箱时首先应该考虑的事情，否则，一年一批孵化箱，成本也很高。

（3）易操作 达到以上两条后，易操作也很重要。因为，孵化期间室内的温度恒定在32℃，人在封闭的室内操作，时间尽量要短，如果不便操作就会增加操作人员的作业难度，而延长操作时间，就会给操作人员因身体不适，造成安全事故的概率大大增加。

载蛋介质一般用细沙、海绵块和蛭石等，由于细沙取材易，成本低，所以用细沙的比较多。但用蛭石孵化率高，操作轻巧，且可以反复使用，所以目前改用蛭石的也多起来。

63. 孵化箱中装几层甲鱼蛋最好？

过去传统的装蛋方法，都是一层底沙后再装一层蛋，然后用沙子覆盖就成。后来，笔者发现在甲鱼自然环境中产蛋孵化的蛋窝中蛋的堆积并不规则，就试用了在孵化箱中置放多层蛋的孵化试验，其中最高放到 5 层，结果孵化效果相差无几，由此说明，甲鱼蛋孵化是可以多层置放的。但经过综合考虑，还是装三层最合适，这样不但易管理，出苗也整齐。具体方法是，在箱底放 2 厘米介质，然后放一层蛋，再放一层介质把第一层蛋的缝隙填平，然后在第一层蛋的两蛋间隙放第二层，依同样方法放第三层，放好第三层后盖上 2 厘米厚的介质就可（图 4）。

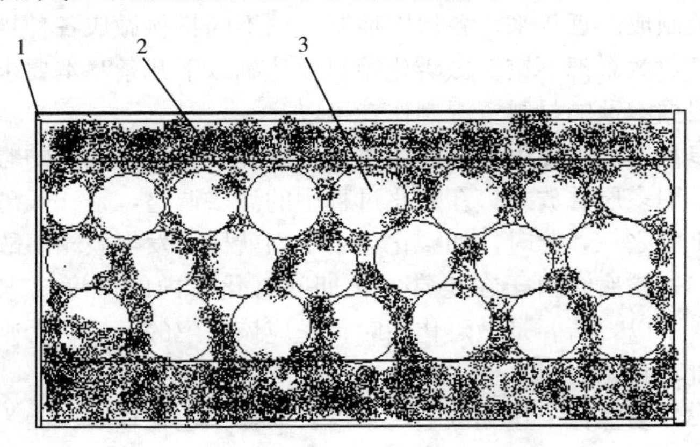

图 4　鳖蛋孵化置放新法

1. 孵化箱　2. 孵化介质　3. 鳖蛋

64. 我国有几种鳖蛋孵化方式?

我国孵化甲鱼蛋的方式，因孵化规模与气候条件及经济实力的不同主要有以下几种：

（1）野外自然孵化法 这种孵化方法主要分布区域在华南的广东、海南和广西的东部一带。采用这种孵化方法的养殖户，大多规模较小且经济条件较差的地方。这种方法的优点是成本低，方法简单，但孵化时间要长些，孵化率也相对较低。方法是在室外屋子旁边挖一个深50厘米的小坑，然后底下铺上沙子，再在沙子上置放甲鱼蛋，蛋上覆盖沙子，一般坑的大小根据甲鱼蛋的多少随时增大。甲鱼蛋放好后在上面盖些防雨的材料，就不再采用什么措施顺其自然气候条件孵化出苗。

（2）室内常温孵化法 这种孵化方法主要分布区域在华南的广东、海南和西南地区的广西、四川等地。也是规模较小的养殖户。具体方法是把甲鱼蛋置放在孵化箱中，然后把孵化箱放到室内比较隐蔽的地方，顺其自然室温孵化。这种方法也很简单易行，成本很低，孵化率也还可以，只是孵化时间要相对长些，出苗时间也不集中。

（3）人工控温孵化法 这种方法是目前比较先进的孵化方法，技术最早来自日本。这种孵化法采用人工增温设施，把孵化室温和相对湿度调节到甲鱼蛋最佳孵化状态，并在掌握好甲鱼蛋卵细胞发育生物学特性的基础上，使甲鱼蛋能按照规律积温时间孵化出甲鱼苗。这种方法的优点是孵化量大，出苗集中，孵化率高。缺点是投资大，需要一定的孵化管理技术。目前，只要有些规模的养殖场都采用这种方法（图5、图6）。

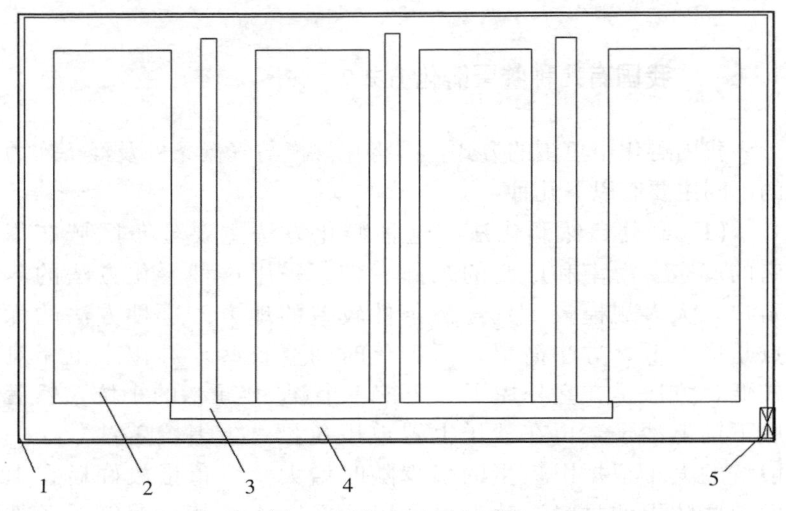

图 5　孵化室平面布置图

1. 保温墙　2. 孵化架台　3. 集苗沟　4. 铺海绵的地面　5. 门

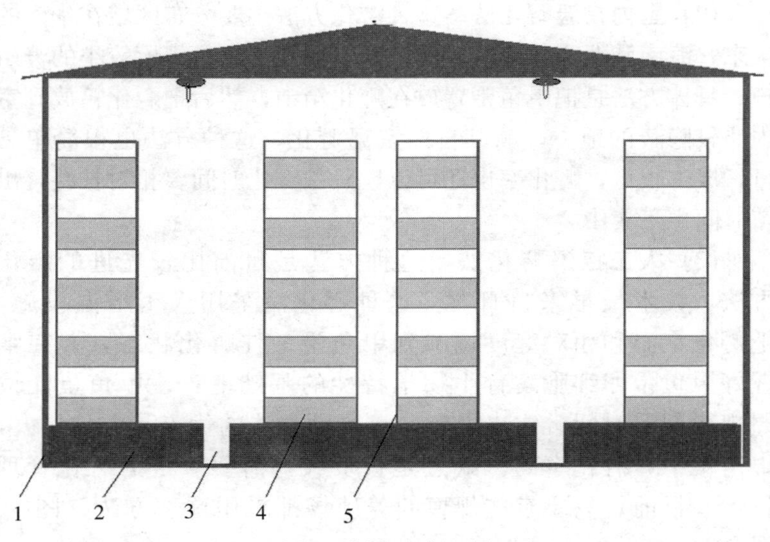

图 6　孵化室断面图

1. 保温墙　2. 铺海绵地面　3. 集苗沟　4. 孵化箱体　5. 孵化箱架

65. 控温式孵化架下的地面为什么要铺薄海绵？

这是因为控温式孵化的孵化箱装的层数多，一般在 6 层以上，而地面一般都是水泥的硬地面，当鳖苗出壳后就会本能地往箱外爬，这在离地面比较低的几层还可以，高的几层鳖苗落到地面后极易摔伤，引发疾病。如果铺上一层薄薄的海绵，就不易摔伤，所以铺薄海绵可起到保护鳖苗的目的。目前，许多甲鱼养殖企业还没注意到这一点，而这个不起眼的小措施却是极其重要的。

66. 孵化室用红外线加温灯泡放在哪个位置最合适？

一些地方在人工控温孵化甲鱼蛋时，仍用红外线灯产生的热能加温，这种方法简便易行，也比较安全，但一些地方因红外线灯泡的位置放置不当，出现了大量鳖蛋被红外线灯热烤死的现象，损失严重。后经过分析试验，发现这是因为把红外线灯放到上面引起的，因为一般热能是往上升的，所以把红外线灯放在孵化室上面后，孵化室上面的温度过高，而下面温度不够，而要等到下面的温度达到要求温度时，放在上面的几层甲鱼蛋因温度过高而死亡。所以，放置红外线灯的最佳位置，就是把红外线灯泡放在孵化室地面的水沟里离水面 20 厘米处，这样不但加温快，还能通过加热水沟中的水产生的水汽来增加室内的湿度，而且温度从下往上也比较柔和均匀，这样就大大提高了甲鱼蛋的孵化率。

67. 怎样通过孵化控温提高雄性率？

和一般爬行动物一样，甲鱼也可以通过控制孵化温度来达到增加雄性率的目的。方法是甲鱼蛋在常温32℃孵化1个月后，把孵化温度提高到34℃，可把雄性率从常温的50%提高到80%以上。但这种方法我们是不提倡的，因为我们发现，通过这种手段提高甲鱼雄性率的甲鱼苗，在养成阶段的养殖效果没有正常孵出的好，其中的原理还有待研究。

68. 快要孵出的甲鱼为什么会整箱死掉？

在一些养殖场的孵化室，前期孵化很正常，但到快出壳时却整箱死亡，这是为什么呢？这是因为出壳阶段孵化室内严重缺氧造成的。而造成缺氧的主要因素是，室内封闭太严，温度过高。为此，我们分析一下甲鱼蛋在孵化的三个阶段中所需要的环境条件：

第一阶段为孵化开始至第10天。可见胚体出现头褶、节体和尿囊凸起，胚体扭转90°。此期胚体以形成器官为主，为无形期。此期管理应以稳定环境为主，室温最好控制在31～32℃，湿度70%。

第二阶段为孵化第11～30天。此期从胚体出现脚后肢到胚体竖起，已具鳖的基本体形，为有形期。此期室温应在32℃并保持稳定，关键是卵体要少震动，否则易产生畸形。

第三阶段为孵化第31～45天。此期鳖体形态发育完整，并出现黑色素，肢体开始缓慢活动，且呼吸量增加，即将破壳，为活动期。此期室内应保持空气新鲜，氧量充足。而室温可略有波动，幅度为30～32℃，同时应做好出苗准备。

许多鳖场在前两个阶段比较重视，往往在快出壳的前几天，因忽视环境的管理而造成整箱未出壳鳖苗的死亡，损失惨重。解决的办法是，当确定甲鱼苗要出壳的前6天，就把孵化室的门窗打开，使其通风透气就可。

69. 怎样帮助甲鱼苗出壳?

在孵化鳖卵的过程中，常常会有一批孵化时间已到，但还没出壳的鳖卵。用以下方法可以帮助鳖苗出壳：一是把卵壳直接打破，把鳖苗拿出，拿出后赶快拿到装有和孵化室温度一样的水盆中暂养，20 小时后就可开食；二是把同批未出壳的鳖卵收集到一起，然后，放到温度高于孵化室 4℃的水盆中泡 20 分钟，未出壳的鳖苗就会破壳而出，出来的苗应及时拿到另一个水温和孵化室一样的盆中暂养。

70. 甲鱼苗孵出后为什么要暂养?

有的地方甲鱼苗孵出后马上送到养殖池塘直接放养，这种做法有以下几个缺点：一是甲鱼苗刚孵出时卵黄囊还没完全消失，甲鱼苗的营养还是来自卵黄囊，所以甲鱼苗不会吃食；二是甲鱼苗的胎膜还没有完全脱落，放养后在大环境里边脱落边游动，极易感染病原菌引发疾病；三是甲鱼苗刚孵出对大环境还不适应，容易独处一隅不活动，从而影响以后的觅食和适应。所以，甲鱼苗刚孵出就应在小容器里集中暂养，等卵黄囊完全消失，胎衣完全脱落后才可以集中放养，一般暂养的时间是 20～25 个小时。

71. 怎样运输甲鱼苗?

甲鱼苗长途运输的方法很多，主要是根据当时的气候条件和数量及运输时间而定。

(1) 尼龙袋充气空运法 主要是路途遥远，数量不多，价值较高的甲鱼苗。具体方法是：取平时装运鱼苗的尼龙袋，先排空袋中的空气，再装袋子容量 1/3 的水，然后再装甲鱼苗，一般每袋装 200 只苗。要求甲鱼苗在装前 10 分钟，用 PV 碘消毒液浸泡 5 分钟。袋子装好后打上氧气，扎紧口袋，然后把口袋装到相应大小的纸箱就可上飞机。这种运输方法一般要求时间不超过 10 小时。

(2) 装箱汽车运输法 这种方法适合数量多、路途近的鳖苗运输。放法是：用塑料箱或木箱（一般高 20 厘米，长和宽各 40 厘米），先在箱底铺上 2 厘米厚的水草叶（鲜嫩的水葫芦或水浮莲的叶子），然后装上甲鱼苗就可，一般一箱也是装 200 只苗。

(3) 袋装干法汽车运输 这是笔者近年来新试验成功的运输法。它也适合数量多、路途远的汽车运输。具体做法是：装运前甲鱼苗先用 PV 碘溶液消毒 5 分钟，然后装入干净的尼龙网袋（一般网袋长 40 厘米、宽 25 厘米，网目为每厘米 80 目），装好后再装入能叠的带孔塑料箱中就可。途中要求温度不超过 25℃。用这种方法可以连续运输 30 小时。如笔者 2006 年把鳖苗从杭州运往海南的三亚，历时 49 小时用此法运输，成活率 100%。

72. 甲鱼苗开食时应注意什么？

甲鱼苗开食，是鳖苗培育生产中的一个重要操作环节。过去，我们给甲鱼苗开食是采用在盆中用 3%浓度的饲料浆水浸泡 3 小时，其目的是为了让甲鱼苗在放养前吞食饲料和嗅饲料的气味，以利放养后能很快识别饲料吃食。但经过几年的实践发现，这种开食方法弊多利少，其一是饲料浆因不适口无法吞食，起不到开食作用反而浪费饲料；其二是高密度长时间在饲料浆中浸泡，不但造成甲鱼苗相互抓伤，如饲料浆配制稍浓，还会造成饲料浆堵塞甲鱼苗的鼻孔，导致鳖苗窒息死亡；其三是在这个开食操作中，多了一次人为损伤甲鱼体的环节，给甲鱼苗放养后发生腐皮病留下了隐患。所以，甲鱼苗开食工作做得好坏，不但影响甲鱼苗培育的成活和生长，处理不当还会造成甲鱼苗大批死亡。

如2002年5月，绍兴一养鳖场在塑料盆中用高浓度饲料浆浸泡高密度甲鱼苗，开食长达5小时后造成2 000多只甲鱼苗死亡的严重事故。

现把正确的方法介绍如下：首先，在放养前5天把池水培肥，肥水的标准为水呈灰白色或淡绿色，透明度不超过20厘米，pH7～8。放养后在池中的饲料板上撒上甲鱼体重8%的适口软颗粒饲料，同时，在饲料板的周围泼洒少许浓度为1%的饲料浆就可。这种直接放养食法不但甲鱼苗适应快，吃食好，成活率也大大提高。

五、甲鱼饲料配比

73. 甲鱼饲料有哪几种?

目前，我国甲鱼饲料的种类，根据制作方法、剂型、成分性质的不同，基本可分为以下几大类：

(1) 机制配合饲料 由高蛋白鱼粉为主原料，与其他干粉原料配合而成的甲鱼各阶段成品饲料。机制饲料的优点是蛋白质含量较稳定，制作工艺较精细，产品易贮存运输，投喂也较方便，可以工业化生产。缺点是价格太高，约占甲鱼养殖总成本的38%。机制配合饲料有以下几种：

①机制配合粉料：优点是应用较方便，易储藏保管，营养较全面，并可在投喂前根据需要添加各种所需的物质。缺点是为了保证饲料的黏合性，需配入很大比例的淀粉和黏合剂，这不但增加了成品饲料的成本，也易给养殖对象造成营养性疾病（如在饲料中因过多的淀粉比例，长期投喂易引起甲鱼的肥胖病与脂肝）。

②机制配合硬颗粒料：优点是不但可大大降低配方成本，也能减轻养殖成本，硬颗粒饲料应用方便并便于运输贮存。但缺点是不能在需要时，灵活有效地添加所需的物质。目前，有关的缺点难题正在研究解决中，所以，硬颗粒料仍是今后养殖中应用的发展方向。

③机制膨化料：也叫浮性饲料。它是利用很高的压缩比对配合饲料进行挤压，并在挤压过程中进行强力的剪切、揉搓，

使配合料的温度升高至 120～140℃。饲料在压强较大的挤压腔内，使饲料中的淀粉产生糊化成胶体状，而当饲料从模孔挤压出来的瞬间压力骤然降低后，使饲料体积迅速膨胀而成，形象地说如同民间的嘣爆米花。膨化饲料的优点：一是通过高温处理后的饲料，能大大提高消化吸收率和杀灭了饲料中的病原菌；二是饲料整体性好，可降低饲料在水中的散失率，减少饲料的浪费；三是配方中可降低高价鱼粉和 α 淀粉比例，能降低饲料的配方成本 20%左右。缺点：一是在膨化挤压的过程中，易损失蛋白质中的有效赖氨酸和维生素；二是养殖过程中无法添加其他物质。

机制饲料适合具有一定规模甲鱼养殖企业应用（如 5 万只以上），但在应用时也应在甲鱼不同的生长培育阶段添加些鲜活饲料，养殖效果会更好。

（2）手工配合饲料 原料在 3 种以上，养殖者利用这种原料进行手工配制的饲料。主要适合个体小型养殖户利用本地自然饵料资源，结合多种添加料自行配制。其优点是成本低，饲料新鲜适口性好，养殖效果也不错。缺点是不易保存，制作相对较麻烦，并要求有稳定的饵料资源。手工配合饲料适合本地饲料原料资源比较丰富，养殖规模小的农村养殖户。

（3）动物性鲜活饲料 凡达到无公害食品标准要求的各种海鲜、河鲜（淡水）、动物内脏、各种肉类、新鲜的奶蛋，经过无公害培育养殖的黄粉虫、蚯蚓、蝇蛆、蚌类、螺类、大型水溞等都可作为甲鱼直接投喂或配比成配合饲料。

鲜活动物性饲料的优点是营养丰富，适口性好，易消化吸收，在以机制配合饲料为主的人工配合中添加一定的比例，有改进饲料适口性和促进生长及提高产品质量的作用。如在亲鳖产前添加 20%的鲜活淡水小鱼，产蛋量和受精率均高出不添加的 12.3%。同样在野外池塘养殖商品甲鱼，添加 15%新鲜鸡肝的甲鱼生长速度较不添加的快 8%。而在工厂化温室里培育 3～50

克重的甲鱼苗时，如在机制饲料中添加10%的鲜鸡蛋，则生长速度可比不添加的提高11%。鲜活动物性饲料的缺点是不易保存，易变质，故在应用时需做到现采现用。鲜活动物性饲料的添加比例为10%～40%。

（4）植物性鲜活饲料 无公害新鲜的瓜果菜草，既是配合饲料的原料，也有许多是可以直接投喂的鲜活饲料，有的还是甲鱼疾病防治的中药。如鲜橘在甲鱼发生腐皮病后，在投喂药物的同时每天添加干饲料量15%比例作辅助治疗，效果比单一的药物治疗提高1倍。再如，在甲鱼的幼苗阶段，每天添加20%的蒲公英和马齿苋，其发病的概率就要比不添加的低近50%。

由于植物性鲜活饲料不但价格便宜，也容易取得，所以，在甲鱼养殖中有着防病治病的特殊意义。

74. 怎样选配饲料原料？

（1）白鱼粉 主要以鳕、鲽等白色鱼肉为原料制成的鱼粉。制作白鱼粉的原料鱼，大多生活在大洋的深海中、底层。一般白色鱼肉的鱼类鱼体较大，营养成分高，脂肪含量相对较低，鱼肉颜色较淡，质细易保存。白鱼粉是目前最高档的饲料原料，以其为主要原料配合的饲料，养殖动物的效果最好，效率也最高。如我们甲鱼养殖中幼苗阶段的配合饲料中，白鱼粉是不可缺的。然而由于海洋资源的日益枯竭和需求量的不断增加，白鱼粉的产量逐年减少，价格飞涨。白鱼粉的主要产区在北太平洋的美国、俄罗斯和北大西洋的丹麦，近年来新西兰产量也有较大的提高(表4)。

从表4可以看出，新西兰、波兰、丹麦、韩国鱼粉的粗蛋白均在65%以上，说明这些国家的海洋资源和捕捞技术及鱼粉的制作工艺较发达。

表 4　世界不同地区的白鱼粉营养成分（%）

品　　种	水分	粗蛋白	粗脂肪	粗灰粉	盐酸不溶物
美国白鱼粉	9.32	62.09	4.54	22.38	0.70
日本白鱼粉	6.93	64.40	8.06	18.01	0.84
俄罗斯白鱼粉	5.40	61.39	6.73	25.18	—
波兰白鱼粉	7.60	66.40	5.46	19.70	—
新西兰白鱼粉	6.70	71.90	7.10	17.80	0.20
丹麦白鱼粉	9.13	65.23	5.71	16.09	0.77
南非白鱼粉	7.79	63.03	5.35	21.45	0.16
加拿大白鱼粉	6.77	62.47	4.31	22.01	0.77
韩国白鱼粉	7.36	65.03	6.43	18.79	0.12
中国白鱼粉	9.63	63.73	7.69	20.45	—

（2）红鱼粉　主要以沙丁鱼、鲱、鲭等红色鱼类为原料制作的鱼粉。红鱼粉的原料鱼大多生活在海洋上层，一般不宜直接食用，其资源量比白鱼粉的原料鱼类多，所以每年的捕获量也很大，制成的鱼粉颜色较深，含脂量和挥发性盐基氮值相对偏高，营养价值次于白鱼粉。红鱼粉主要产区在南美的阿根廷、智利、秘鲁等国家（表 5）。

表 5　世界不同地区红鱼粉的营养成分（%）

品　　种	水分	粗蛋白	粗脂肪	粗灰粉	盐酸不溶物
智利红鱼粉	9.63	64.70	8.01	14.95	0.63
秘鲁红鱼粉	9.29	61.06	6.85	19.02	0.51
泰国红鱼粉	7.07	55.61	9.40	22.35	4.61
丹麦红鱼粉	7.48	65.99	8.21	16.82	0.64
挪威红鱼粉	5.80	72.74	4.60	15.23	0.65
韩国红鱼粉	6.34	67.04	4.20	17.02	0.92
日本红鱼粉	8.09	64.64	8.98	16.00	0.77
中国台湾红鱼粉	7.27	53.95	11.98	19.76	0.96
美国红鱼粉	9.16	64.67	9.12	14.54	0.92

从表5中也可看出，挪威、丹麦、韩国生产的红鱼粉粗蛋白均在65%以上，其中，挪威的最高为72.74%，是目前各类鱼粉中粗蛋白含量最高的。但从各种营养指标的比较看，白鱼粉的有利指标均高于红鱼粉（表6）。

表6　白鱼粉和红鱼粉的主要营养指标比较

鱼粉种类	水分（%）	粗蛋白（%）	粗脂肪（%）	挥发性盐基氮（毫克/100克）
白鱼粉	5～9	60～67	5～8.5	≤75
红鱼粉	7～10	62～69	7～11.8	90～200

因此，白鱼粉是目前配制甲鱼饲料最好的鱼粉。

75. 甲鱼饲料蛋白质含量多少合理？

由于鱼粉等饲料原料的涨价，人们试图从甲鱼饲料中的蛋白含量找出突破口，于是出现两种不同的现象。一种认为，甲鱼是一种高蛋白需求动物，其饲料中粗蛋白含量必须很高。如甲鱼苗阶段（50克以内）饲料的粗蛋白含量应不低于55%，甲鱼种阶段（51～300克）不应低于50%，养成阶段（300克以上）不低于48%。而另一种认为，甲鱼饲料的蛋白质太高，既对甲鱼的生长不利又浪费蛋白源，认为鳖苗阶段饲料的粗蛋白含量应不高于42%，鳖种阶段不应高于40%，养成阶段不高于38%。然而，持这两种观点的人又拿不出试验的结果和应用的实际效果，所以笔者认为这些会给养殖户造成误导。其实，国内外有许多学者对甲鱼不同阶段生长与生殖的蛋白需求作了许多的研究，如日本的川崎，国内的杨国华、孙祝庆、曾训江、王风雷、卞伟和笔者等，基本认为甲鱼苗阶段饲料的粗蛋白含量应不低于46%，鳖种阶段不应低于43%，养成阶段不低于42%，是对养殖对象的生长生殖比较合适又不造成浪费的比例。但因蛋白质的质量和原料鲜度的差异，会对蛋白质的利用率有一定的影响，如动物蛋白的鱼粉鲜度与植物蛋白的生熟度，都会对饲料的适口和利用产生影响，所以应注意的是如何把好质量关的问题。

76. 甲鱼饲料中植物蛋白多好吗？

很多研究表明，在甲鱼饲料中甲鱼对动物蛋白的消化吸收利用率高于植物蛋白，所以甲鱼饲料中蛋白的配方一般以动物蛋白为主，但因动物蛋白也不能完全满足甲鱼生长生殖的营养需求，特别是动物蛋白中缺乏甲鱼营养中的必需氨基酸——蛋氨酸，而植物蛋白中蛋氨酸的含量很高，所以有一定比例的植物蛋白源，不但可以平衡营养又可降低配方成本。但近年来一些饲料企业为了降低配方成本，要用高比例的植物蛋白替代动物蛋白，有的甚至把原来配方中50%以上的优质白鱼粉的比例降到了30%，笔者认为这对养殖动物的生长是不利的。当然不反对通过加工处理，能提高植物蛋白利用率后替代少部分动物蛋白的做法，如膨化大豆、酶解玉米蛋白等。但动物中的有些必需氨基酸是一般植物蛋白无法替代的，如赖氨酸等。近年来，有些研究机构通过添加一些酶或催化剂等生物手段，把非动物蛋白的利用率大大提高甚至可替代，有的甚至可替代鱼粉，这对推动我国饲料原料的非资源化有着十分重大的意义。

77. 为什么说鱼粉质量是配合饲料的质量关键？

因为鱼粉是甲鱼饲料中的主要原料，也是甲鱼饲料中最重要的蛋白来源。到目前为止，还没有其他原料可完全替代，所以鱼粉的品质好坏也成了配合饲料质量高低的关键。鱼粉的品质，主要是指鱼粉的粗蛋白含量和新鲜度，即挥发性盐基氮的高低（一般挥发性盐基氮越高，新鲜度就越低，质量也降低），其次是含脂量和水分。鱼粉的品质会受各种因素的影响而变化，如鱼粉原料鱼的品种不同，质量不一样，鱼粉的制作工艺不同，鱼粉的品质不一样，等等。

78. 脂肪的营养作用是什么?

脂肪也叫油脂，是脂肪酸和甘油形成的脂类化合物。脂肪是继蛋白质之后甲鱼所需的第二大营养要素，脂肪的营养作用主要有以下几点：

(1) 保证甲鱼的生活能量 脂肪是甲鱼正常生活生长能量的主要来源，甲鱼在体内氧化1克脂肪可产生的生理热能，相当于蛋白质和碳水化合物的2.25倍。特别是有些高度不饱和脂肪酸是甲鱼自身不能合成的，所以必须从外界获得，如亚油酸等。

(2) 与蛋白质共同构成甲鱼机体组织 甲鱼机体的许多组织合成必须有脂肪的成分，脂肪还为体内大多数器官和神经组织起到保护和固定作用，以避免机械摩擦并能承受一定的压力。

(3) 脂溶性维生素的主要溶剂 脂肪是维生素A、维生素D、维生素E、维生素K等脂溶性维生素的主要溶剂，甲鱼如达不到需要量的脂肪指标，就会影响甲鱼对脂溶性维生素的吸收和利用，甲鱼就会因维生素缺乏而致病。此外，脂肪中的胆固醇还是合成甲鱼性激素的重要物质。

(4) 可提高蛋白质的利用率 甲鱼对脂肪有较高的利用率，其粗脂肪的消化率高达80%以上。当甲鱼体内缺乏脂肪的需求量时，就会大量消耗蛋白质作为能量，使甲鱼逐步消瘦甚至萎瘪死亡，这种现象在甲鱼的越冬期最为明显。所以，脂肪可起到提高蛋白质利用率，保证甲鱼健康生长的作用。

79. 脂肪中的主要营养成分有哪些?

脂肪的性质是由脂肪酸决定的，甲鱼吸收脂肪的主要成分也是脂肪酸。脂肪酸的种类主要有饱和脂肪酸和不饱和脂肪酸两种。

(1) 饱和脂肪酸 特点是脂肪酸碳链上没有不饱和键，饱和脂肪酸的种类很多，如月桂酸（$C_{16:0}$）、豆蔻酸（$C_{14:0}$）、硬脂酸（$C_{18:0}$）、软脂酸（$C_{16:0}$）、花生酸（$C_{20:0}$）。由饱和脂肪酸组成的脂肪一般熔点高，在常温下为固态。一般陆生动物如牛、羊、猪等的体脂肪所含的饱和脂肪酸比例，高于水生动物和植物油。

(2) 不饱和脂肪酸 不饱和脂肪酸有不饱和键，其中，有两个以上不饱和键的为高度不饱和脂肪酸。不饱和脂肪酸的种类有棕榈油酸（$C_{16:1w-7}$）、油酸（$C_{18:1w-9}$）、亚油酸（$C_{18:2w-6}$）、亚麻酸（$C_{18:3w-3}$）、花生四烯酸（$C_{20:4w-6}$）、花生五烯酸（$C_{20:5w-3}$）、二十二碳五烯酸（$C_{22:5w-3}$）、二十二碳六烯酸（$C_{22:6w-3}$）等。由不饱和脂肪酸组成的脂肪一般熔点低，常温下多为液态，如深海鱼油和植物油等。不饱和脂肪酸对甲鱼养殖和养成的商品质量有着十分重要的意义。

80. 甲鱼饲料中淀粉的作用是什么?

在甲鱼饲料中淀粉主要作为稳定制成品在应用时的黏弹性，也就是减少在投喂过程中的散失率，这主要是考虑在水中投饵的养殖对象如鳗等，因鱼类生活在水中，也在水中觅食，所以饲料能否在水中减少散失浪费是饲料制作的关键。但甲鱼是爬行动物，大多为水陆两栖，通常适温状态下在水上吃食（特别是在人工可控的温室里），而最初的甲鱼饲料制作与配方几乎模仿鳗鱼饲料，到目前为止，配合饲料中的淀粉比例仍在20%以上。而对甲鱼来说，淀粉如果除去黏性，营养上只是一种单纯的能量饲料，比例过多会给甲鱼的生长带来严重的不良影响，如生长到后期会产生严重的脂肪肝疾病等。一直以来甲鱼饲料淀粉过高现象一直被忽视，而这往往又是影响饲料质量和成本的关键。所以笔者建议，在力求改变投喂方法为水上的基础上，淀粉的比例应降到15%以下（特别是膨化饲料），取而代之的应是含有一定蛋白质又价格便宜的大米、玉米等含碳水化合物丰富的谷实类原料，这样既可合理平衡饲料的营养成分又可降低配方成本。

81. 维生素对甲鱼的健康养殖有什么作用?

维生素是甲鱼生长生殖过程中重要的营养要素之一，在生理功能方面，脂溶性维生素主要表现在调节机体某结构单元上的代谢，且每种维生素均显出一种或多种特定的作用。水溶性维生素的生理作用集中表现在与能量传递有关，现把各种维生素的生理作用归纳于表7。

表7　维生素的生理功能

<table>
<tr><th colspan="2">维生素名称</th><th>生理功能</th></tr>
<tr><td rowspan="4">脂溶性维生素</td><td>维生素A（视黄醇）</td><td>具有维持正常视觉；保护上皮组织；提高繁殖率，促进性激素的形成；维护骨骼的正常生长与修补；维持神经细胞的正常功能和提高机体免疫力的生理功能</td></tr>
<tr><td>维生素D（骨化醇）</td><td>具有维持血钙、血磷正常水平，保持钙磷平衡的功能</td></tr>
<tr><td>维生素E（生育酚）</td><td>一种生理抗氧化剂，能防止甲鱼细胞内不饱和脂肪酸的氧化；防止红细胞溶解，并使甲鱼能进行正常的繁殖活动；在细胞代谢中发挥抗毒作用；促进免疫蛋白的生成，提高抗病力；能维护骨骼肌和心肌的正常功能，促使细胞复活</td></tr>
<tr><td>维生素K（抗出血因子）</td><td>具有促进血液凝固的作用；具有消化道蠕动和分泌的功能及预防细菌感染的作用</td></tr>
</table>

（续）

维生素名称		生理功能
水溶性维生素	维生素 B_1（硫胺素）	参与甲鱼碳水化合物代谢，增进食欲，维持正常消化、生长发育和繁殖及维护神经组织的正常机能
	维生素 B_2（核黄素）	氧化酶和还原酶的辅酶，参与甲鱼体内许多氧化还原反应
	维生素 B_3（泛酸）	辅酶A的辅基，参与龟鳖体内的基本代谢功能，有利于各种营养物质的吸收和利用
	维生素 B_4（胆碱）	甲鱼快速生长和高饲料转化率的重要成分
	维生素 B_5（烟酸、烟酰胺）	参与甲鱼体内200多种脱氢酶的正常反应，维护消化器官的正常功能；维护神经系统和皮肤的正常机能
	维生素 B_6（吡哆醇）	参与甲鱼的代谢作用
	维生素 B_{11}（叶酸）	形成甲鱼正常血细胞，促进抗病能力；提高细胞膜的功能和繁殖率
	维生素 B_{12}（氰钴胺素）	参与许多代谢反应；维持甲鱼正常生长、红细胞成熟、脱氧核糖核酸生物合成和神经组织的健康
	维生素H（生物素）	参与碳水化合物、脂肪和蛋白质的代谢
	维生素C（抗坏血酸）	促进胶原蛋白的合成；强化毛细血管的通透性；具有凝血酶原及增加血中蛋白的作用（止血作用），提高甲鱼的抗病力和繁殖力
类维生素物质	肌醇	具有抗脂肪肝和防止肝脏的脂肪渗入
	维生素F（必需脂肪酸）	维持皮肤的正常功能，提高饲料转化率，促进甲鱼生长
	维生素P（芸香苷）	配合维生素C，防止毛细管渗透压升高和血管脆性增加
	维生素 B_{15}	有防治肝硬变和脑硬化的作用
	维生素T	具有促生长的作用
	维生素U	具有抗溃疡和抗脂肪肝的作用

82. 缺乏维生素对甲鱼的影响大吗?

缺乏维生素，甲鱼在养殖过程中会出现各种不良反应和疾病，从而影响甲鱼的生长和生殖（表8）。

表8　甲鱼维生素缺乏易出现的不良病症

维生素名称	症　状
维生素A（视黄醇）	白眼病，突眼，眼出血；肾出血；腹腔积水；组织积液
维生素D（骨化醇）	骨质疏松；软骨；骨弯曲
维生素E（生育酚）	繁殖力降低；肌体萎瘪；腹腔积水；脂肪肝，肝肿大
维生素K（抗出血因子）	表皮出血；肠道出血；贫血
维生素B_1（硫胺素）	食欲下降；应激反应差；痉挛；表皮糜烂
维生素B_2（核黄素）	白眼病；神经过敏；食欲下降
维生素B_3（泛酸）	表皮组织变性，糜烂；肌肉松弛
维生素B_4（胆碱）	脂肪肝，肝肿大；肠道出血；饲料利用率降低
维生素B_5（烟酸、烟酰胺）	食欲降低；出血性贫血，表皮受损
维生素B_6（吡哆醇）	呼吸急促；精神失常；痉挛抽搐
维生素B_{11}（叶酸）	机体免疫力下降；贫血；萎瘪
维生素B_{12}（氰钴胺素）	食欲下降；机体虚弱；萎瘪
维生素H（生物素）	食欲下降；肌体萎瘪，内脏出血；肝白肿大
维生素C（抗坏血酸）	抗病原感染力下降；内脏易出血；表皮伤口愈合慢
肌醇	消化道蠕动减弱，消化能力降低

83. 为什么说矿物质对甲鱼的健康养殖很重要?

矿物质对甲鱼健康养殖的重要性，是矿物质对甲鱼的综合生理作用所决定的。矿物质对甲鱼的综合生理作用主要有以下几方面：一是矿物质是构成甲鱼机体必需的营养成分；二是矿物质是一些酶的辅基成分和酶的激活因子；三是矿物质是维持甲鱼生理上一些组织的正常功能；四是维持甲鱼体内体液的渗透压与酸碱平衡。由于各种矿物元素对甲鱼的生理作用既有相互性又有独立性，所以了解各种矿物元素的独立作用就很重要（表9）。

表9 矿物元素对甲鱼的生理功能

元素名称	生理作用
钙（Ca）	构成骨骼、软骨组织；参与肌肉收缩、血液凝固、神经传导、某些酶的激活以及细胞膜的完整性和通透性的维持；在细胞膜中钙和磷紧密结合，通过控制膜的通透性和调控细胞来进行对营养成分的吸收
磷（P）	构成骨骼；参与多种物质的代谢过程；参与能量转化、细胞膜通透性，并与遗传密码、生殖生长都有密切关系；维持体液和细胞内液的酸碱平衡
镁（Mg）	构成骨骼；多种酶的辅基和激活剂；在糖和蛋白质代谢中起重要作用；细胞膜的重要构成成分；维持神经、肌肉的正常兴奋性
钾（K）	维持渗透压、酸碱平衡与水代谢；维持神经、肌肉的正常兴奋性
钠（Na）	维持渗透压、酸碱平衡与水代谢；控制营养物质进入细胞等
铁（Fe）	构成血红蛋白，参与氧的运输；多种酶的构成成分，在细胞生物氧化过程中具重要作用
铜（Cu）	与铁的吸收有关，参与造血过程；机体内氧化还原体系中重要的催化剂
锰（Mn）	酶的激活剂；促进龟鳖生长发育
锌（Zn）	许多酶的组成成分，酶的激活剂；构成胰岛素及维持其正常功能的必需成分；维护消化系统和皮肤的正常与健康
钴（Co）	酶的激活剂；构成维生素 B_{12}；防止贫血
碘（I）	甲状腺素的重要成分；增加基础代谢，促进生长发育
硒（Se）	有利于维生素E的吸收利用，并协同维生素E维持细胞的正常功能和细胞膜的完整；调节脂溶性维生素的吸收和消耗
钼（Mo）	多种酶的辅助因子
铬（Cr）	帮助脂肪与糖的代谢

84. 缺乏矿物质对甲鱼健康养殖有什么影响？

矿物元素是甲鱼生长生殖过程中不可缺少的营养要素之一，所以，当其缺乏时就会出现各种不良反应和病症（表10）。

表10　缺乏矿物元素引起的不良反应与病症

元素名称	不良反应与病症
钙（Ca）	骨质软化疏松；软壳蛋增多，生长发育不良，疾病增加
磷（P）	脂肪肝肿大；生长发育不良，骨骼钙化畸形增多；肺肿大，死亡率高
镁（Mg）	生长发育不良；肌肉松弛，骨骼变形；食欲下降，死亡率增加
钾（K）	生长发育不良；蛋白质和能量营养利用率下降
钠（Na）	生长发育不良；蛋白质和能量营养利用率下降；繁殖率降低
铁（Fe）	生长发育不良；严重贫血
铜（Cu）	生长发育不良；骨骼生长不良，畸形增加
锰（Mn）	生长发育不良
锌（Zn）	繁殖率降低；生长发育不良；体表疾病增多，食欲下降甚至停食；白眼病增多
钴（Co）	骨骼生长不良
碘（I）	生长发育不良；甲状腺病变
硒（Se）	亲种繁殖率降低，肝病增多

85. 哪些野生小草是甲鱼健康生长的好饲料？

一般无毒绿色的野生小草，对甲鱼养殖都能起到促进健康生长和生殖的作用。如农村田野比较多的革命草、车前草、蒲公英、马齿苋和马鞭草等，以及一些蔬菜、水果，都可打成草浆或菜果汁拌入饲料中喂甲鱼。

86. 中草药添加剂对甲鱼生长有什么好处?

中草药因取自动物、植物、矿物及其产品，中草药添加料由组方配伍规律和配伍禁忌配制而成。中草药添加料充分利用各味中草药相互作用，提高了养殖动物对疾病的预防效果，而对机体的生理功能却无明显损害，且不会产生抗药性和毒副作用，也无残留和污染环境的负面影响。中草药除了能提高养殖对象非特异性免疫能力外，还能调节机体新陈代谢，提高应激能力，还具有抗生素作用、营养作用、双向调节作用等功能。目前，常见的甲鱼中草药添加料按其具体作用，分保肝类、促进消化吸收类、提高机体免疫类和营养类等。

87. 甲鱼饲料中添加胡萝卜为什么要煮熟?

胡萝卜主含糖类、蛋白质和多种维生素，其中，以胡萝卜素含量最多。胡萝卜中胡萝卜素的含量相当于苹果的 35 倍，芹菜的 36 倍，柑橘的 23 倍，番茄的 100 倍。胡萝卜素在动物体内可转化为维生素 A，维生素 A 能保护动物上皮细胞结构和功能的完整性。胡萝卜素还有抗氧化作用，所以它是一种很好的防病抗癌物质。长期添加一定比例的胡萝卜，鳖的死亡率可减少 5%以上。同时，甲鱼的体色也会变成似野生的微黄色，因此，胡萝卜是一种既安全卫生又经济有效的防病蔬菜。

胡萝卜的添加方法，可按甲鱼不同生长时期的当天吃饲量按比例添加。根据经验，鳖苗培育阶段（个体重 5～50 克之间），按当天干饲料量的 10%添加；鳖种培育阶段（个体重 50～250 克），按当天干饲料量的 8%添加；养成阶段（个体重 250 克以上），按当天干饲料量的 5%添加。但应注意的是，一些养殖场在添加时用生胡萝卜，这是错误的，因胡萝卜中的胡萝卜素在煮熟后吸收利用率高达93%以上，而生食的吸收利用率只有10%左右。正确的方法是，先把胡萝卜煮熟，然后，再打成糊拌入饲料中制成团或颗粒投喂。

88. 甲鱼池里的红虫能喂甲鱼吗？

在甲鱼养殖池的池角，经常会出现红色的小虫在池面成团成片地游动，使池水体表面形成一层红色的水华。“红虫”真正的名字叫枝角类，平均体长1毫米左右，它是水体中浮游动物的一种。枝角类的正常体色是灰白色，只是在水缺氧时才会呈红色，所以“红虫”多发现在臭水沟里。在养殖池中发现大量“红虫”时，就说明池水已经开始变质，往腐败的趋向发展，应该赶快调节。枝角类在缺氧水体中发红的原因是，其血液中含有一种无脊血红朊，当水体缺氧时其含量就会显著增加而呈红色。

枝角类的食物主要是水中的原生动物、轮虫和一些大型藻类，也包括细菌。所以在养鳖水体中其数量太多时，就会大量吞食能够进行光合作用增氧的浮游藻类。而在生活中它自己却需消耗大量的溶解氧，这样池水就会变坏。但因枝角类同时也能吞食大量的细菌，所以保持一定的数量还可以直接起到控制病原菌、预防鳖病的作用。如试验发现，甲鱼养殖中有一定数量的红虫，甲鱼的腐皮病就少，而没有的病就多。多年的实践证明，把枝角类的数量控制在每升水15 000个以内为好，超过这个数量就应及时捞出。

捞出的枝角类是甲鱼和鱼的极好饲料，可以作为鲜活饲料在甲鱼饲料中添加。枝角类之所以是一种好饲料，是因为枝角类体内含有丰富的蛋白质，其中不仅含各种鱼类所需的一切氨基酸，并且各种氨基酸的含量高，是其他饲料难以比拟的。枝角类还含有鱼类和甲鱼生长发育所必需的脂肪和钙质。试验研究还发现，在养殖鱼类时，如果只喂一种鲜活饲料，往往会使鱼类生长不良，同时患各种疾病，但喂枝角类却例外。喂甲鱼也一样，当稚鳖单喂枝角类比例大的混合饲料时，排出的粪便就少，水体污染就慢，而甲鱼的生长却比不喂的快，所以“红虫”是甲鱼的好饲料。养鳖水体是枝角类最好的生长水体，所以它的繁殖很快，当其群体数量超过我们要求的标准时，把它捞出来喂甲鱼，不但能有效地调节水体，使水体往好的方向转化，还可以节省很多饲料，是一举两得的好事。应用时先把捞出的枝角类用2%的盐水消毒洗净，然后以饲料量5%～8%的比例拌入饲料中现喂。如数量较多，在经过上述处理后晒干或烘干密封保存逐步添加，效果也很好。

89. 甲鱼为什么不能喂八分饱?

近年来，一些龟鳖养殖户询问投喂甲鱼可否采取八分饱，认为让其吃八分饱，更能促进甲鱼的食欲和消化吸收，笔者认为不应采取。道理是甲鱼在养殖中采取的是群体集养方式，其每天的投喂量是根据当时养殖群体的总体重再结合其他因素来制订的，而不是按每个个体的实际吃食量来制订的。这与陆生动物的个体隔离饲养不同，如牛、猪、马等，可以根据其吃食方式或吃食量来人为单独控制，而群体水生动物在集养方式的摄食中，无法也不可能较精确地掌握每个个体的吃食情况和摄食量，因群体水生动物在吃食时某个个体绝不会只吃八分饱就让给其他个体吃，而是只要有饲料就要吃饱，通常是强的先吃，弱的后吃，有的甚至没得吃，所以养殖中常会出现很大的个体规格差。

所谓八分饱，无非是在原来正常投食量的基础上减去20%。这样就会出现强的永远吃饱，弱的永远吃不着，有的甚至因吃不到足够的饲料而成了僵鳖，最后影响群体的产量和质量。所以，投喂甲鱼饲料一定要让其吃饱吃好，不应采用八分饱。吃饱吃好的标准是投喂后室内 40 分钟、野外 1 小时检查饲料台，食台上还剩少许饲料，一般为投食量的 3%以内。如吃光和剩饵超过 5%时，就应调整下一餐的投食量。即剩下超过 3%，就减 5%；吃光就加 5%，以达到大小规格都能吃饱吃好。

90. 甲鱼为什么不宜长期投喂动物肝脏？

在养甲鱼饲料中，根据甲鱼的不同生长阶段或在特殊情况下，适当地在人工配合饲料的基础上添加一定比例的鲜活动物性饲料，其中包括一些动物肝脏，对提高饲料的适口性，补充各种活性营养成分是有必要的。但近年来一些地方长期投喂单一的动物肝脏，特别是在养成阶段，不但影响生长，还引发疾病。这是因为肝脏是一些药物的代谢器官，一些肝脏因药害会发生病变，而甲鱼长期吃了这些病变的肝脏后也会发生疾病。如浙江省海宁市的一家鳖场在 1997 年时用水泥池养成鳖，长期用鸭、鸡、猪肝作饲料，结果因生长慢和成活率低，到秋捕时不但规格没有达到计划要求，产量也比不添加的大大降低，严重影响了销售价格和经济效益。再如，2004 年江苏一家鳖场，在成鳖精养阶段长期单一的用附近生猪屠宰厂的猪肝，结果一个半月后甲鱼因营养不良，体质下降而染上疾病，后改用在人工配合饲料中添加 10%的动物性饲料，情况才得以好转。所以，在养成阶段不宜长期添加单一的动物肝脏。即使阶段性添加，也要进行处理后再用，特别对一些有病变的动物内脏绝不能应用。如有大理石状花斑的猪肝、有黄斑的牛肝和硬化的鸡、鸭肝等，还有一些冷冻的肝脏在用前必须彻底化好后洗净，再用 2%的盐水消毒并把有病变的挑出，然后打成浆或泥后按比例添加到人工配合饲料中充分拌匀，再用机器制成软颗粒在食台上投喂。切不可不经处理挑选直接投到养殖池中喂成鳖，这样不但浪费也易腐败变质影响水生环境，而添加的比例一般以不超过 15%为好。

91. 为什么甲鱼长期吃冰海鲜鱼容易得病?

近年来，许多沿海甲鱼养殖场出现暴发性疾病死甲鱼现象，后经过调查，发现与这些养殖场长期投喂冰海鲜有关。那么为什么甲鱼吃冰海鲜鱼容易得病，经过检测和分析得出了以下几个原因：

(1) 冰海鲜极易携带病原菌，甲鱼吃了后肠道感染而得病。

(2) 甲鱼是淡水生物，对海鲜的消化吸收没有淡水饵料好，易造成消化不良。

(3) 有的养殖场没有把冰完全化透就投喂，甲鱼吃入冰碴引起肠道应激。

(4) 最主要的是海鲜含有大量的组织胺，而组织胺是一种活性胺化合物，是一种化学传导物质，可以影响许多细胞的反应，包括过敏、发炎反应、胃酸分泌等，也可以影响脑部神经传导造成嗜睡作用。近年来，广东等地的甲鱼瞌睡病可能也与长期投喂冰海鲜有关。所以，笔者建议在用海鲜投喂甲鱼时，一定要把冰化开洗净，然后打成鱼浆再拌到饲料里投喂，而且用量以不超过20%为好，尽量不要直接投喂，更不要长期投喂。

92. 怎样辨别甲鱼饲料的优劣?

甲鱼饲料的质量优劣，不但直接影响甲鱼的健康养殖，也会影响养殖的经济效益。然而，甲鱼饲料的优劣，每次用现代化仪器检测不但费用高，时间也较长，非一般养殖单位所能及。但光靠观察饲料表面的颜色、气味和形状还很难确定，因目前有许多添加剂都能使这些表面指标达到要求，但实际的质量效果，在甲鱼养殖过程中，往往要等很长一段时间才能显现出来，到发现时往往为时已晚。现教你一种新的辨别方法，即粪便与水色判别法。

不管是鳖苗饲料、鳖种饲料还是成鳖饲料，当甲鱼摄食后，在正常的养殖环境中，排出的粪便会因饲料的质量不同而不同。首先，是观察当天排出的粪便形状。一些甲鱼排出的粪便很长，有的甚至一头还粘连在肛门上，还有的呈卷曲状。这说明饲料中不易甲鱼消化吸收的物质比例过多，如一些植物蛋白，特别是没经过活化处理过的植物蛋白。再则是含碳水化合物较多的饲料原料比例过多，如普通生淀粉、面粉等。而质量好、易消化吸收的甲鱼饲料甲鱼摄食后，排出的粪便长度很短，更不会粘连在甲鱼的肛门上。二是看粪便的颜色。正常的粪便，如是优质动物性饲料为主的，粪便的颜色应是灰绿色；如是淀粉或植物蛋白饲料比例过多，粪便就会呈乳白色；如饲料中有黄色素等添加剂，粪便还会呈淡黄色。三是看水色。有些地方在水下投喂饲料，粪便很难看到，就可看水色判别，因粪便是直接改变水色的主要因子。通常鳖池的正常颜色为淡绿色，如是正常优质饲料的粪便污染的水色先呈褐色，继而严重时会呈黑色，并有很难闻的臭味。然而，有的工厂化温室的池水呈乳白色或浅黄色，并有些腥味或发酵味，这也是吃了不易消化吸收的饲料后排出的粪便分解所致，应引起注意。

93. 培育亲鳖吃什么饲料好?

由于亲鳖的营养需求和一般的商品甲鱼不同，它不但要满足亲鳖自身的营养需要，还要满足繁殖中交配、受精和卵细胞发育的营养需求。所以，亲鳖饲料的配制结构也不同。笔者通过多年的实践研究，提供亲鳖产前、产中和产后的饲料配方。

(1) 亲鳖产前方

【A 方】新鲜动物性饲料（鱼、蚌、螺、虫等下同）50%，小麦粉 25%，膨化大豆粉 10%，谷朊 5%，玉米蛋白粉 5%，肉骨粉1%，菜籽油2%，混合矿物添加剂1%，混合多种维生素1%。

【B方】机制成鳖料65%（粗蛋白42%），鲜活动物性饲料25%（其中猪肝10%），鲜嫩植物饲料8%，中药粉1%，骨粉1%。

（2）亲鳖产中方

【A方】新鲜动物性饲料55%（其中鲜鸡蛋10%），小麦粉20%，膨化大豆粉10%，谷朊5%，玉米蛋白粉6%，菜籽油2%，混合矿物添加剂1%，混合多种维生素1%。

【B方】机制成鳖料60%（粗蛋白42%），鲜活动物性饲料30%（其中猪肝10%），鲜嫩植物饲料8%，中药粉1%，骨粉1%。

（3）亲鳖产后方

【A方】新鲜动物性饲料50%（其中鲜鸡蛋10%、全脂乳粉2%），小麦粉20%，膨化大豆粉15%，谷朊5%，玉米蛋白粉5%，菜籽油3%，混合矿物添加剂1%，混合多种维生素1%。

【B方】机制成鳖饲料62%，全脂乳粉5%，鲜活动物性饲料20%，骨粉1%，鲜嫩植物饲料10%，中药粉1%（上述配方中的中药比例添加为每月10天，不添加时可用机制成鳖饲料补足，下同）。

上述配方制作时，先把各种饲料按比例称重，然后用搅拌机充分拌匀，再用颗粒机制成颗粒投喂（鲜嫩植物饲料和鲜活动物性饲料要打成浆或糜，再和其他饲料混合）。

94. 怎样自配甲鱼苗种饲料？

有的地方野生饲料资源丰富，而商品饲料购买却很困难，这样，农家培育甲鱼苗种的饲料可自己配制。

（1）鳖苗阶段配方　新鲜动物性饲料60%，小麦粉20%，膨化大豆粉10%，谷朊5%，玉米蛋白粉5%，肉骨粉1%，菜籽油2%，混合矿物添加剂1%，混合多种维生素1%。

(2) 鳖种阶段配方 新鲜动物性饲料60%，小麦粉20%，膨化大豆粉10%，谷朊5%，玉米蛋白粉5%，肉骨粉1%，菜籽油2%，混合矿物添加剂1%，混合多种维生素1%。

以上饲料制作时，先把上述各配方中的饲料逐步按比例要求称重，再把单样或多样的动物性饲料混合打成浆或糜，然后与其他粉状饲料和添加剂及植物油一起充分拌匀，并捏成团状投喂。

95. 怎样自配成鳖饲料？

【A方】 新鲜动物性饲料50%，小麦粉20%，膨化大豆粉15%，谷朊5%，玉米蛋白粉5%，菜籽油3%，混合矿物添加剂1%，混合多种维生素1%。

【B方】 新鲜动物性饲料50%，米粉10%，小麦粉10%，膨化大豆粉15%，谷朊5%，玉米蛋白粉5%，骨粉5%，菜籽油3%，混合矿物添加剂1%，混合多种维生素1%。

以上饲料制作时，先把上述各配方中的饲料逐步按比例要求称重，再把单样或多样的动物性饲料混合打成浆或糜，然后与其他粉状饲料和添加剂及植物油一起充分拌匀，并捏成团状或制成颗粒投喂。

96. 科学投喂应掌握哪几个基本要求？

由于饲料投喂，不但关系到甲鱼的产量和质量，也会影响到养殖成本和经济效益。所以，甲鱼饲料的科学投喂应掌握以下几个基本要求：

(1) 甲鱼吃食方便 为了使甲鱼吃食方便，投喂就应考虑以下几个因素：一是受干扰少，一般投喂点一定要没有敌害出现，如蛇、鸟、老鼠、狗等干扰动物，还有不能经常有人出没和走动及车辆行驶；二是环境比较稳定，如温度与鳖栖息的水中和水面差异不大，无大风大浪等；三是鳖能很快找到投喂点。为了达到这个目的，一般投喂点一定要隐蔽，离鳖经常的栖息点要近，环境要安静。因此，在温室里投喂最好在过道边的池墙里边紧贴水面处投喂，而在野外，可搭建投喂小棚或小屋，这养既无干扰又能找到。

（2）饲料散失浪费少 甲鱼人工配合饲料，是目前养殖动物饲料中价格最昂贵的少数饲料之一。所以一旦造成浪费，不但会增加养殖成本，散失到水中的饲料还会败坏水生环境，严重影响养殖产量和质量。近年来，因饲料散失到水中引起水体恶化后，造成大批疾病发生的例子不少，所以控制饲料的损失浪费是科学投喂的基本要求。而要控制散失浪费，必须在投喂设施和技术上加以革新和改进，如野外养殖尽量不在露天投喂。因露天投喂不但会受到不断变化的气候影响，还有野生动物偷吃也很严重。而室内养殖因室温和水温都较高，也不应在水下投喂。

（3）能收回剩余饲料 由于当餐投喂的饲料一般不能做到百分百的准确，所以在一定时间内投喂的饲料全部吃光和剩余在所难免，特别是剩余饲料的回收，是投喂的主要原则之一。因剩余饲料的回收不但能应用到其他养殖动物，主要还是剩余饲料回收后不会再造成对环境的不利影响。所以，科学投喂一定要考虑能否有效回收剩余饲料，而一般水下投喂是很难做到的，因此，应杜绝水下投喂，采用科学的水上投喂。

（4）能掌握实际吃食量 投喂的饲料，当餐甲鱼到底吃多少，应该有个实际数据，这样不但可知道甲鱼的生长情况，也可为准确制定下一餐的投喂量提供科学依据。

97. 投喂甲鱼饲料有哪几种方法？

我国目前甲鱼养殖的模式很多，投喂饲料的方法也有各异。

下面介绍几种在不同条件下，不同饲料的投喂设施和投喂方法，供养殖企业根据自己的特定条件参考应用。

(1) 水下投喂法 把饲料投喂到水面以下的投饵叫水下投饵，目前水下投饵有以下几种：

①水底投饵法：即在靠池塘岸边的养殖池底铺上水泥或水泥瓦等作饲料台，投饵时把饲料直接投到水中，这种投饵法适合野外养殖池中投喂不易失散的动物性饲料，为了检查吃食情况，可在池底吊一小方筐，投喂时在筐中也放上饲料，一定时间后吊起饲料筐检查是否吃净。如广东揭阳的小林鳖场投喂的螺肉就采用这种方法（图 7）。

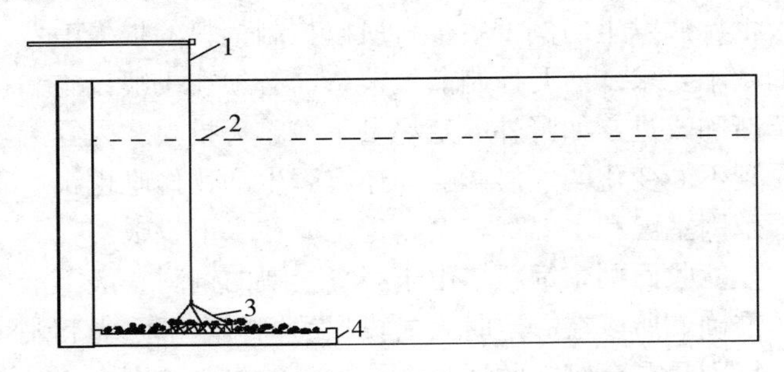

图 7 水底投饵法

1. 吊筐绳 2. 水位线 3. 饲料筐 4. 饲料台

②水中饲料台投饵法：这种方法是把饲料台搭在水中，并根据甲鱼不同养殖阶段调整水下的位置，如目前浙江的封闭式温室养甲鱼都采用此法。这种方法的好处是，甲鱼在水中吃食一般不受环境的干扰，可直接在水中摄食。缺点是投喂配合料的软颗粒时，一些规格大的甲鱼要到饲料台中爬行，这样就会把饲料搅散、搅碎，相对浪费较多，并极易败坏水质，所以笔者不太赞同这种方式喂甲鱼（图 8）。

③水中吊笼投饵法：这种方法是把饲料捏制成团块装在一个竹制的笼里（制笼的竹筋较光滑，也有用塑料绳编的），然后用

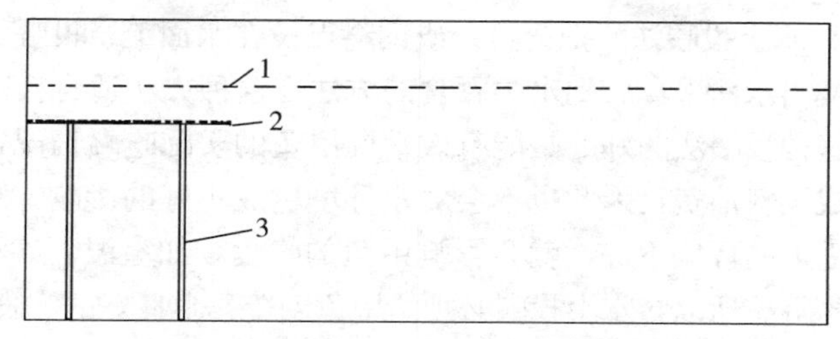

图 8 水中饲料台投饵法

1. 水线 2. 饲料台板 3. 饲料台柱

绳吊入池塘水中，甲鱼从笼眼中伸入头颈叼食。一定时间后把笼吊起，投喂时再装入料块放入池中。这种方法一般适合在温室或采光大棚中养殖的模式，其好处是甲鱼在池水中吃食不受外界干扰，一般甲鱼也无法钻到笼里搅散饲料。缺点是操作较麻烦，而且笼子也装不了多少饲料，一个池往往需要吊好几个笼，但如果再研究改进一下，倒也是一种较好的投饵方法。如浙江、福建利用鳗鱼池塘养甲鱼时往往采用这种方法，因这种方法不用另搭投饵台，也不用把饲料制成软颗粒（图 9）。

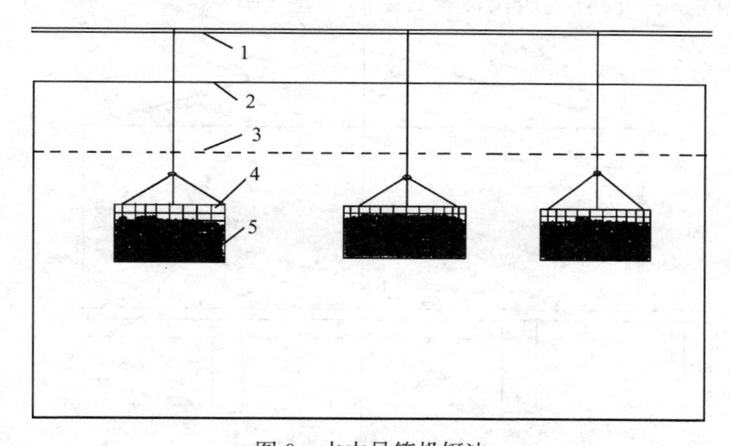

图 9 水中吊笼投饵法

1. 系绳梁 2. 池墙 3. 水面 4. 料笼 5. 饲料

（2）水上投喂法 把饲料台或饲料点设在水面上，投喂饲料后由甲鱼爬出水面采食后到水中吞食的方法。这种方法适合投喂各种饲料，这种投喂法的好处是能有效掌握甲鱼的实际吃食情况，一般不会造成饲料浪费，因此也不会对水环境造成不好的影响。缺点是如果水面上的环境不好，就会影响甲鱼的吃食，如室温、气温、声音和敌害等。所以，水上投喂必须给甲鱼创造一个良好的吃食环境，如防风雨日晒、防干扰和防敌害等，而这往往是能够人为控制的。笔者赞同采用水上投喂的方法，目前国内水上投喂的方法有以下几种：

①池中房式投饵法：一般适合野外养殖池塘，即在池塘中间或池边搭建一个投饵房，投饵房四周有甲鱼通往房内的通道，通道口在房内的水中，为了避免甲鱼爬上时身上的水带到饲料中把饲料糊湿，通道的坡长应不少于 80 厘米，投饵房内的地面上铺上饲料板或防水布。投饵时把饲料投撒在饲料板上就可，投好后把房门关好，这样的好处是鳖吃食时不受外界的任何干扰，到一定时间后去观察，如吃不完可以清理干净，不会造成浪费和影响水环境。缺点是投喂时如饲料房在池中间，就要搭桥或撑船，相对麻烦些，而且建房投资相对要高一些（图 10）。

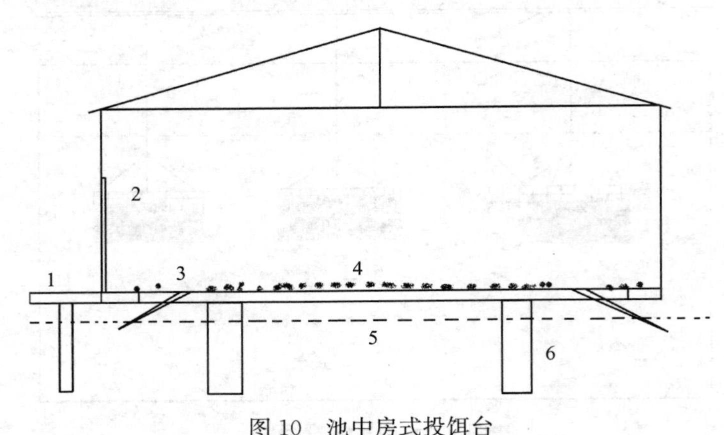

图 10 池中房式投饵台

1. 小桥 2. 房门 3. 通道口 4. 饲料和饲料台 5. 水线 6. 水中房柱

还有一种是池边房式投饵台，其基本道理与池中投饵台差不多，只是把料台建在池塘边的坡上，其好处是不用到池中间，可直接在池边开门投饵。建造时要注意池坡的处理，要牢固，坡度不可太陡和太高，一般坡度最好是 1∶4，坡长不超过 1 米为好（图 11）。

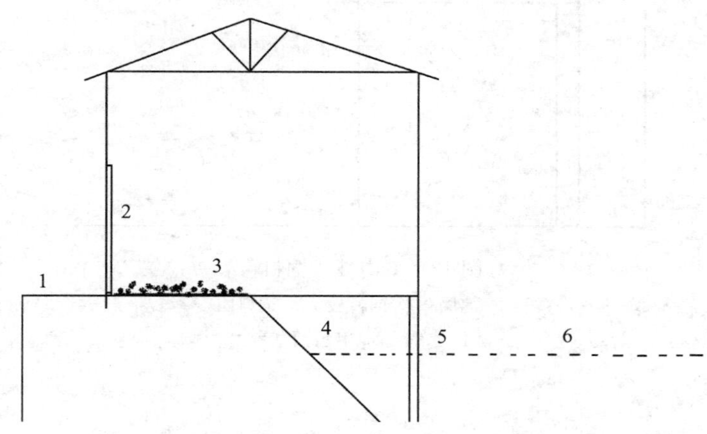

图 11　池边房式投饵台

1. 鳖池堤坝　2. 饲料房门　3. 饲料台和饲料
4. 堤坡　5. 水中房柱　6. 水线

②池坡团状投饵法：即在池堤边建一个坡式的饲料台，投喂是把饲料捏成团状贴在水面上的池坡上，其好处是甲鱼吃食方便，缺点是有时甲鱼会把饲料拖入水中。池坡团状投饵法分室内和室外两种。室内是在离水面以下 2 厘米处的栖息台上设一块坡状饲料板（图 12）；室外除搭好坡状饲料台外，还应在堤坡和堤顶之间搭一遮风雨的简易棚，棚可用几根立柱和编织布搭建。一般投喂时，把饲料做成饼状或团状贴在饲料台上，让甲鱼咬一口饲料后到水中吞食，搭建时坡度应较缓，投喂时饲料要紧贴水面。这种方法甲鱼吃食方便，但缺点是有时团状饲料会整个被鳖拖入水中，也会造成一定的浪费（图 13）。

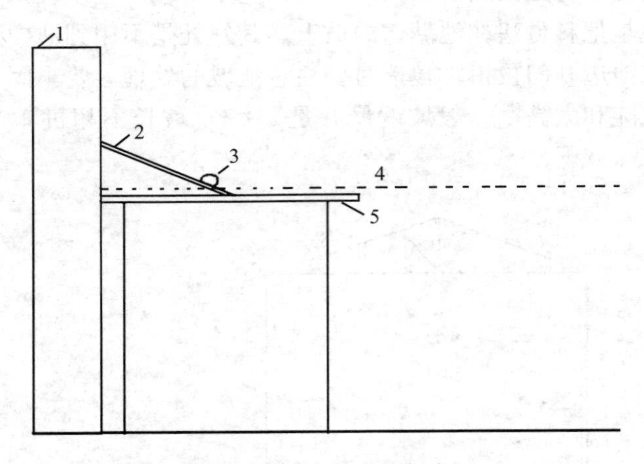

图 12　室内坡式饲料台

1. 池墙　2. 饲料板　3. 饲料团

4. 水线　5. 甲鱼栖息台

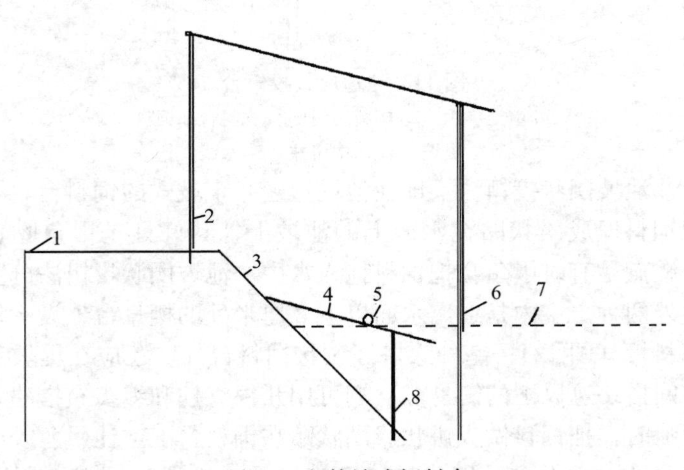

图 13　室外坡式饲料台

1. 堤坝顶　2. 棚架支柱　3. 堤坡

4. 饲料坡台　5. 饲料团　6. 编织布　7. 水线　8. 饲料坡台支架

③水上台式投饵法：把饲料台搭在池边，鳖吃食时都爬到台上采食。这种方法的好处是鳖在台上吃食比较好掌握吃食量，一般饲料也不会掉入水中造成浪费。缺点是鳖爬到台上后容易把饲料爬成糊状，使后上来的弱小个体往往吃不到足够的饲料，最后导致许多僵鳖出现（图 14)。

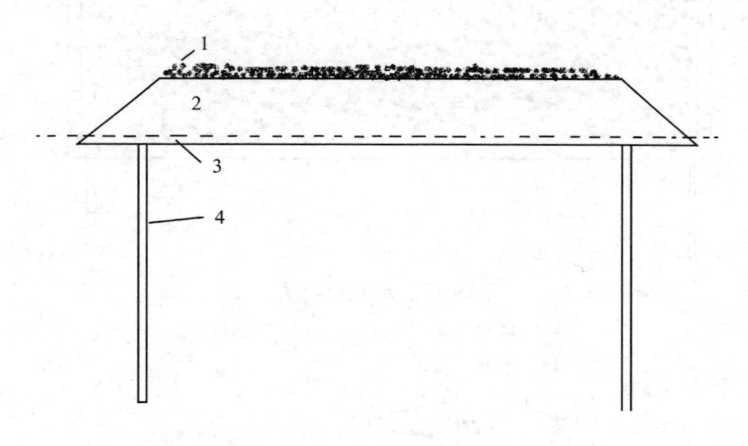

图 14　水上台式饲料台

1. 饲料　2. 饲料台　3. 水线　4. 饲料台支柱

(3) 水面投喂法　饲料漂浮在水面上，甲鱼在水中采食的方法。目前，主要是投喂浮性膨化饲料为主。用这种方法投饵，需设一个饲料围栏。做围栏可用网片也可用竹竿、PV管，其目的是把饲料拦住，不让其漂散，既可掌握投喂量，也能有效捞出剩余的浮性饲料，这种方法也是今后投喂的趋势（图 15)。

(4) 最新投饵法　这是笔者新发明的在室内投喂的软颗粒栅笼投喂台和室外栏栅投喂台两种方法。这两种方法在水上投喂，能回收剩余饲料，饲料不会掉入水中造成浪费（图 15 至图 18)。

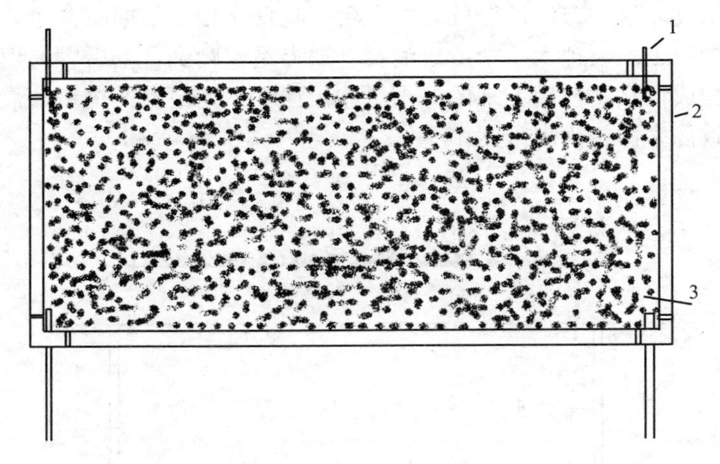

图 15　水面投喂法

1. 固定支柱　2. 围栏　3. 栏内饲料

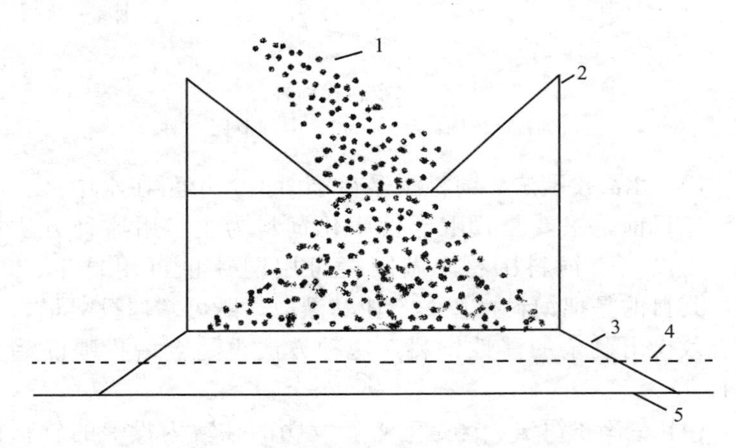

图 16　室内软颗粒栅笼投喂台断面图

1. 饲料　2. 料斗　3. 料台　4. 水线　5. 水泥瓦

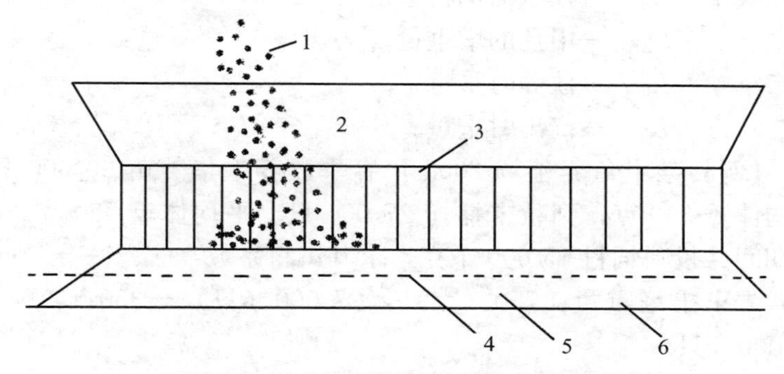

图 17　室内软颗粒栅笼投喂台立面图

1. 饲料　2. 料斗　3. 栅笼　4. 料台　5. 水线　6. 水泥瓦

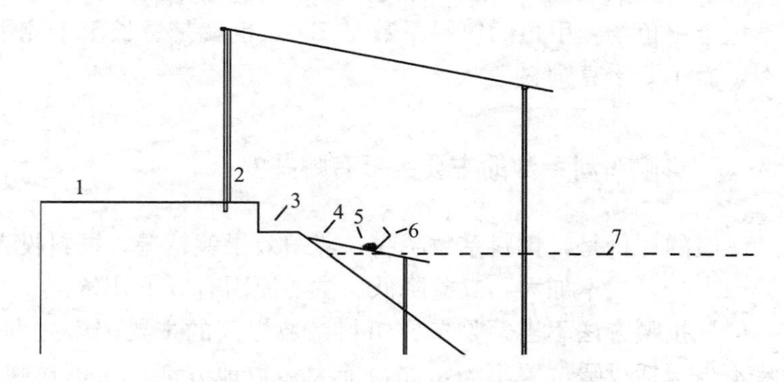

图 18　室外栏栅投喂台

1. 堤坝顶　2. 棚架支柱　3. 堤坡台阶　4. 饲料坡台

5. 饲料团　6. 饲料栏栅　7. 水线

98. 饵料系数怎样计算？

饵料系数是投入的饲料重量与甲鱼摄食后增加重量的比，也叫料肉比。计算公式为：

$$L_S/L_Z$$

$$L_Z = L_1 - L_0$$

式中 L_S——投入的饲料重量；

L_Z——甲鱼的增重量；

L_0——放养时重量；

L_1——产出时重量。

【例】某甲鱼养殖场2008年春季放养中华鳖苗30 000只，平均体重350克，到秋末捕捞27 000只。平均体重750克，养殖期间共投喂饲料15 600千克，求其饵料系数：

先求出增重量：750（克）×27 000（只）－350（克）×30 000（只）

20 250（千克）－10 500（千克）＝9 750（千克）

再求饵料系数：15 600（千克）÷9 750（千克）＝1.6

这个甲鱼场养甲鱼的饵料系数是1.6，也就是每长1千克甲鱼肉，需1.6千克饲料。

99. 影响饵料系数的主要因素有哪些?

一般的评价是，饵料系数越高，养殖效果就越差。饲料投入大，产出少，成本加大，效益降低。主要原因有以下几条：

（1）投喂方法不当 是造成饵料系数提高的主要因素之一，投喂不当包括投喂位置不当，如目前大多数地方都在水下投喂，这容易造成很大的浪费。我们在水族箱中试验发现，饲料在水中投喂，因种种原因损失率达到13%～18%。还有是投喂的方法不当，如有的养殖场因职工不负责任地把饲料乱撒在饲料台外边，或成堆倒在一个地方，这些做法都会造成饲料浪费。

（2）饲料质量差 饲料质量差或适口性不好，造成饲料在甲鱼体内转换率不高，引起甲鱼生长不良，甚至造成疾病等。

（3）投饵量制订不合理 由于投饵量制订不合理，造成要么吃不饱吃不好，影响生长；要么过剩造成浪费，等等。

（4）养殖死亡率高 因养殖技术和管理差，造成甲鱼发病死亡，是提高饵料系数的主要原因。特别是养殖到快可上市的大规格成体，因已经投入了很多饲料，所以一旦发病死亡，会严重影响养殖产量，料肉比会大大提高。

100. 甲鱼养殖的常规饵料系数是多少?

虽然各地因养殖技术、养殖设施、养殖品种和管理技术有一定的差异，但一般情况不会相差很大。我们多年积累的应用结果见表 11。

表 11　甲鱼配合饲料的饵料系数

养殖阶段	鳖苗阶段（3～50 克）			鳖种阶段（51～300 克）			成鳖阶段（301 克以上）			繁殖阶段
养殖方式	控温	保温	常温	控温	保温	常温	控温	保温	常温	常温
饵料系数	1.1	1.3	1.5	1.2	1.4	1.6	1.3	1.5	1.8	1.6

注：控温养殖是指封闭性工厂化养殖；保温是指采光大棚养殖；常温是室外养殖。

101. 鲜活动物性饲料的饵料系数是多少?

由于配合饲料和鲜活饲料的差异很大，而鲜活饲料中因品种不同也有较大的差异，投喂后的饵料系数也不同。现把甲鱼在室外养殖时部分鲜活饲料的饵料系数介绍如下：

(1) 部分鲜活动物性饲料的饵料系数　见表 12。

表 12　部分鲜活动物性饲料的饵料系数

饵料名称	系数	饵料名称	系数	饵料名称	系数	饵料名称	系数
鲢	8.0	鳙	8.0	草鱼	6.5	青鱼	6.0
泥鳅	6.0	蚌肉	5.8	田螺肉	7.4	带鱼	5.5
淡水杂鱼	7.8	福寿螺肉	7.5	海杂鱼	6.6	螺蛳肉	7.8

（2）部分肉类的饵料系数　主要是指我们平时经常食用的肉类，在甲鱼价格较好，而这些肉类和肝脏价格较低时，也可用作饲料。常用肉类的饵料系数见表13。

表13　肉类的饵料系数

饵料名称	系数	饵料名称	系数	饵料名称	系数	饵料名称	系数
鸡肉	5.5	鹅肉	4.6	猪肝	6.5	鸭肉	5.8
精猪肉	5.2	牛肉	5.0	鸡肝	6.8	鸭肝	7.0

102. 人工怎样养殖福寿螺？

福寿螺是甲鱼最喜爱的动物性饲料之一。甲鱼吃福寿螺不但长得快，肉质好，而且色泽好看，故能提高商品的销售外观和销售价格，投喂福寿螺是为养殖者带来可观经济效益的措施之一。

（1）福寿螺生活习性　福寿螺为水生螺类，喜欢生活在清新洁净的淡水中，常集群栖息在水域边缘的浅水处，或吸附在水生植物的根茎叶上。福寿螺虽生活在水域的浅水处，但却在水的底层栖息，只要生活条件符合，福寿螺的适应性很强，放养后会很快适应新的环境，但在受农药、石油和有毒工业污染的环境，却会很快死亡。

福寿螺基本生活在水中底层，但可以在干旱季节埋藏在湿润的泥中度过6～8个月，一旦有水会再次活跃起来。福寿螺生活的适宜温度为25～32℃，基本与甲鱼相同，超过35℃生长速度下降，超过45℃容易死亡。15℃以下减少活动，5℃以下沉入水底进入休眠状态，长时间3℃以下就会死亡。

（2）福寿螺生殖习性　在良好的饲养条件下，雄螺长到70天左右、雌螺长到100天左右就达到性成熟，并开始交配。交配一般是在白天的水中进行，时间长达3～5小时。福寿螺产卵时，雌螺爬到离水面15厘米以上的池边干燥处，或附着在水生植物的茎叶上产下卵块，并黏附在上面。成熟福寿螺一年可产卵20～40次，产卵量10 000粒左右，螺卵的孵化率在90%。每年3～11月为福寿螺的繁殖季节，其中，6～8月是繁殖高峰期，繁殖的适宜水温为18～30℃。

（3）福寿螺生长特性 当水温较高，水环境好，饲料充足时生长就快；反之亦然。养殖在大水面的比在小水面的生长要快。幼螺阶段生长较快，到100克以后相对减慢。雌螺生长快于雄螺。

（4）养殖福寿螺的基本条件 福寿螺的养殖池面积一般以1～2亩为宜，为了便于操作和管理，池塘宽度以1.5～2米为宜，池深80厘米，水深60厘米。养殖池中应设置些竹片、树根和条棍等附着物。福寿螺的养殖水要求pH在6.5～7.5，水体洁净。

成螺养殖以青饲料为主（如红萍、青菜、各类瓜苗、薯藤及无毛刺的各种嫩草），搭配适量的精饲料。精饲料的配方为：

【A方】鱼粉60%，米糠30%，麸皮10%。

【B方】鱼粉60%，花生饼25%，饲用酵母粉2%，麸皮10%，小麦粉13%。

【C方】血粉20%，花生饼40%，麸皮12%，大麦粉10%，豆饼15%，无机盐2%，维生素添加剂1%。

【D方】蚕蛹粉30%，鱼粉20%，大麦粉50%，维生素添加适量。

（5）成螺养殖的放养 养螺池塘在放养幼螺前要进行清塘消毒，方法是用生石灰，每亩（平均水深1米）用130千克化水泼洒。

放养密度为100个/米^2，放养前幼螺应用20毫克/升浓度的高锰酸钾水浸泡15分钟。

（6）成螺养殖的投喂 幼螺放养后应及时投喂，投喂量为螺体重的8%，青饲料、精饲料的比例为5∶1，每天投喂2次，每天应及时捞出残饵。

(7) 成螺养殖的调水 为了保持水质清洁，每3天应换1次水，如平时能保持微流水状态则更好。

(8) 防逃防害 由于福寿螺对环境中的高pH很敏感，所以，防逃可采用在养殖池周围撒上生石灰，筑起一道“碱性围墙”，可有效防逃。为了预防敌害，可在养螺池塘周围拦上围墙或篱笆。

(9) 成螺捕捞 福寿螺生长较快，在人工养殖条件下，最大个体可长到100克以上，但一般长到50克以上就可捞取喂龟鳖。捞取后的螺应马上投喂，不可把死亡的螺喂龟鳖。

103. 人工怎样养殖田螺？

与福寿螺一样，田螺也是甲鱼的好饲料。

(1) 田螺的品种 在我国分布的田螺品种，有中华圆田螺、中国圆田螺、胀肚圆田螺、长螺旋圆田螺和乌苏里田螺。以下介绍的是我国分布较广的中华圆田螺。

(2) 田螺的生活习性 田螺喜栖息于底泥富含腐殖质的水域环境，如水草繁茂的湖泊、池沼、田洼或缓流的河沟等水体中，常以泥土中的微生物和腐殖质及水中浮游植物、幼嫩水生植物、青苔等为食。也喜食人工饲料，如蔬果、菜叶、米糠、麦麸、豆粉（饼）和各种动物下脚料等。田螺耐寒而畏热，其生活的适宜温度为20～28℃，水温低于10℃或高于30℃即停止摄食，钻入泥土或进入草丛避寒避暑。当水温超过40℃，田螺即被烫死。

(3) 田螺的生殖习性 田螺雌雄异体。区别田螺雌、雄的方法，主要是依据其右触角形态。雄田螺的右触角向右内弯曲（弯曲部分即雄性生殖器），此外，雌螺个体大而圆，雄螺小而长。田螺是一种卵胎生动物，其生殖方式独特，田螺的胚胎发育和仔螺发育均在母体内完成。从受精卵到仔螺的产生，大约需要在母体内孕育一年时间。田螺为分批产卵，每年3～4月开始繁殖，在产出仔螺的同时，雌、雄亲螺交配受精，同时，又在母体内孕育翌年要生产的仔螺。每只母螺全年约产出100～150只仔螺。

（4）田螺养殖的池塘条件 养殖田螺的池塘，单池面积以100米^{2}为宜。池呈长方形，池深80厘米，水深50厘米，池底应保持10～15厘米厚度的底泥。池塘四周种植一些长藤瓜菜搭棚遮阴，水中布置竹尾、树枝或石块、草地等，供田螺隐蔽栖息。

（5）田螺养殖的水体要求 田螺喜欢洁净稍有肥度的水，水质要求溶解氧充足，pH7左右，水体不能有农药、化肥和工业污染。田螺适应能力强，疾病少，只要避开大量毒害，农村许多平坦的河渠、溪滩、坑、稻田、池塘等平常水体都可放养。如开挖专池饲养，则可选择水源方便、水体清澈的地方，养殖时水面可培植少量红萍和水莲等。

（6）种螺放养 种螺投放前10天，按每亩50～100千克的用量全池施生石灰，清除野鱼虾和其他杂螺，3～4天后，在水体堆放有机肥料和繁殖饵料生物供田螺摄食。种螺放养最好在田螺繁殖前期完成。种螺的来源：一是野外采集；二是市场收集。选择色泽淡褐、壳薄而完整、体圆顶钝的鲜活螺。一般自然粗放水体中每平方米投放种螺0.1～0.5千克，精养池可增大投种量2～3倍。田螺养殖可单独放养，也可套养部分鲢、鳙鱼种或采取田螺、泥鳅混养方式。

（7）精心投喂 在高密度人工精养情况下，必须精心投喂人工饵料。田螺对营养要求不高，简单地用米糠、麦麸、豆粉以60%、25%和15%的比例配合，即成田螺的上等饲料。根据田螺吃食和气候情况，在生长适宜温度内（即20～28℃），田螺食欲旺盛，可每2天投喂1次，每次投饲量为体重的2%～3%。水温在15～20℃、28～30℃时，每周投喂2次，每次投饲量为体重的1%左右。当温度低于15℃或高于30℃时，则少投或不投。

(8) 日常管理 严禁流入受农药、化肥污染的水源；防止鸭、蛇、鼠、鸟等敌害侵入；及时清除水中杂草和草根。平时采取微流水形式，保持水位在30厘米左右。高温季节加大水流量，以控制水温升高和保证水体溶解氧充足。寒冷天气田螺进入泥土冬眠，此时，每周换水1～2次，并向水体撒一些切碎的稻草，以利田螺越冬。

(9) 田螺捕捞 当田螺长到1千克80个左右时，就可捕捞饲养龟鳖。收获田螺时，可采取捕大留小的方法，有选择地捕取成螺，留养幼螺，并选留部分母螺，以做到自然补种，以后无须再投放种螺。根据其生活习性，在夏、秋高温季节，选择清晨或夜间可在岸边和水体中旋转的竹枝、草把上拣拾；冬、春季则选择晴天的中午拣拾。另外，也可采用下池摸捉或排水干池拣拾等办法采收田螺。收取的田螺最好当天新鲜投喂，不要置放时间太长。

104. 人工怎样养殖蝇蛆?

蝇蛆营养丰富，适口性好，是甲鱼配合和直接投喂的优良动物性饲料之一。据有关报道，蝇蛆中含有一种抗菌酶的活性成分，对疾病的预防有很好的作用。

(1) 家蝇的生活繁殖习性 家蝇适宜在室温22～32℃、相对湿度60%～80%的环境中生活繁殖。在以上条件下，蛹经过3天发育，由软变硬，由米黄色、浅棕色、深棕色变黑色，最后成蝇从蛹中破壳而出。刚出壳的成蝇只会爬不会飞，要等1小时后才会展翅飞翔，并开始吃食饮水。成蝇白天活泼好动，夜间栖息不动，3天后性成熟，开始交配产卵。6～8日龄为产卵高峰，以后逐日下降，到15日龄基本失去产卵能力。蝇卵0.5～1天孵化成蛆，蛆在猪、鸡等粪便中培育 5 天左右变成蛹。蝇的一个世代约 28 天。在人工养殖的条件下，控制好最适宜的温度和配制营养丰富的培养料，育成的蛆个头大，产量高，质量也好。

(2) 养殖设施 可根据甲鱼养殖规模的大小自行决定。一般种蝇养殖的基本设施，有养殖车间、养殖箱笼和养殖用具等。

养殖车间的大小，各甲鱼养殖场可根据自己的需要而定。但车间要达到一保温，二通风，三干净。地面最好是水泥地面，这样便于清扫，为了有效防止室外其他昆虫进入养殖车间，通风窗需装上细纱窗。

养殖箱笼的笼架可用钢筋或木料制成，然后用细尼龙纱网罩上笼架。笼箱的规格为长 150 厘米，宽 100 厘米，高 120 厘米。笼箱安装时要求底部离地面 30 厘米。

(3) 养殖用具 主要有饲料盆、饮水盆、羽化缸和产卵缸等。

(4) 种蝇养殖 种蝇在笼箱中饲养，一般上述规格的笼箱养种蝇 1.5 万只，每个笼箱一侧应加上布袖，以便伸手加料、加水和采卵。1.5 万只成蝇每天喂奶粉 25 克，饲料放在有纱布垫面的料盆中，让成蝇站立在纱布吸食饲料和水，每天换 1 次。水盆放入纱布，产卵缸内放入湿麦皮供种蝇产卵，每天取卵 1 次，送到蛆房育蛆。种蝇产卵以每天 8:00～15:00 数量最多，取卵时间要适当。每批种蝇饲养 15～20 天即行淘汰。用热水或蒸汽将其杀死，烘干磨粉也可作甲鱼饲料，然后重新换上一批。种蝇养殖期间，门和窗安装玻璃和纱窗，以利调温，壁上安装风扇，以调节空气。房内宜有加温设备，使冬天温度保持在 22～32℃，房内相对湿度保持在 60%～80%。操作时要小心，以防种蝇外逃。

(5) 蝇蛆繁育 蝇蛆养殖可在保温和通风条件较好的室内，用砖砌边高为 20 厘米、面积为 2～5 米^2 的育蛆池，或用塑料盘育蛆。一个直径为 50 厘米的塑料盘，用 3 千克麸皮培育一天，可产蛆1.5千克。

具体养蛆操作方法为：将蝇卵和麦皮料倒入盘中，加入酒糟、豆渣等蛆料，稍拌匀即可。注意，蝇卵不要露在蛆料表面，以免失水而死卵。蛆料的厚度一般为5～10厘米，蛆料内发酵温度不高于40℃、不低于20℃为标准。夏季温度偏高，蛆料要适当薄些；冬季温度偏低，蛆料可适当增厚些。如果用人畜粪便，要进行杀死细菌及寄生虫后使用。其料与蛆的比例，以鸡粪为例，一般3.5～4千克生产0.5千克鲜蛆。不论用哪一种原料养蛆，蛆料的干湿度均应掌握在60%～65%为宜。

(6) 蝇蛆收集 利用蝇蛆怕光的特点进行收集。用粪扒在育蛆池饲料表层，不断地推动，蝇蛆便往下钻，把表层饲料取走，此法重复多次，最后剩下少量饲料和大量蝇蛆，此时可把蝇蛆取走，与其他饲料混合投喂甲鱼。

(7) 种蝇繁殖 在生产蝇蛆的同时，让部分蛆化蛹，作为新蝇种的来源。化蛹有两种方法：一种是让蛆在料里自然化蛹，用水洗出蛆料，即得到蝇蛹；另一种是当蛆在蛆料里培养到5～6天变黄色成熟时，将蛆取出放到装有干麦皮的盆中，促使化蛹，然后用筛分离麦皮得到蛹。蛹的大小要求达到每克50只蛹。

105. 怎样制订甲鱼投饲量？

投饵量是指甲鱼在养殖生产中直接投喂饲料的数量，由于在养殖生产中投喂饲料数量的制订和投喂方法，直接影响到养殖生产的产量和质量。如何制订合理的饲料投饵量，已成为生产管理中的重要内容。投饵量的制订目前有三种方法：

(1) 生长理论法 根据甲鱼各阶段的生长理论，推算出该阶段的甲鱼存池数量，乘上该阶段的投饵率，来制订当时的投饵量。根据理论，甲鱼苗养到100天时，一般个体体重可达到90克，根据放养数量减去死亡数量就是存池数量，再根据存池数量，按理论生长的个体体重求出存池甲鱼的总重量，用当时的投饵率求出实际投饲量。计算公式为：

$$L_N \times (S_1 - S_2) \times N\%$$

式中 L_N——阶段理论生长数值；

S_1——放养数量；

S_2——死亡数量；

$N\%$——阶段投饵率。

【例】某甲鱼场用温室控温养殖甲鱼，共放养甲鱼苗 10 000 只，至今天已养殖 60 天。按理论现平均个体重 50 克，现阶段的投饵率是 4%，养殖期间死亡 50 只，求今天的投饲量。计算公式为：

$$50 \times 9\,950 \times 4\% = 1\,990 \text{（克）}$$

当天的投饲量为 1 990 克饲料。

这个方法的优点是简单明了，一般只按理论公式一算就可。缺点是有时因实际吃食情况的变化，易造成很大的误差，所以现在应用的相对较少。

（2）阶段打样法 其计算公式与生长理论法一样，只是在确定阶段性个体体重方面，采用的不是理论推断的数据而是采用阶段打样后所得的实际数据，打样一般每 10 天打 1 次。这种方法的误差要比第一种方法小得多，但操作比较麻烦，打样数每次不得少于 3/1 000。

（3）实时调整法 这是笔者根据多年实践总结的方法，就是除放养后头 10 天按实际放养重量定投饲量（因一般养殖企业放养时都要称重）。10 天后就按上一餐的吃食情况灵活实时调整，调整的标准是上一餐全部吃光，这一餐加 5%，剩得较多就减 5%，少量剩余就不加不减，这样既简单又方便，而且误差很小。

106. 甲鱼一天喂几次合适？

制订合理的投喂次数，对提高饲料的利用率和甲鱼的生长都有很大的作用。由于甲鱼的消化器官比较简单，所以不具备精细消化的能力，基本是吃下去后马上就排，故叫“直肠子”。我们曾试验在一定的时间内，采用不同投喂频率来考察甲鱼的摄食、消化和饲料利用率，发现即使1个小时投喂1次甲鱼也吃，但粪便的排泄次数也随着投喂次数的增加而增多。通过检测粪便的化学成分发现，随着投饵次数的增加，甲鱼的营养吸收率下降，蛋白质等营养损失增多。

通过试验，笔者制订了一个不同养殖阶段和不同养殖方式的投饵次数表，供养殖企业在实际生产中参考应用（表14）。

表14　甲鱼各生长阶段投饵次数

养殖阶段	鳖苗阶段（3.5～50克）			鳖种阶段（51～250克）			成鳖阶段（250克以上）			繁殖阶段（750克以上）
养殖方式	控温	保温	常温	控温	保温	常温	控温	保温	常温	常温
投饵次数	4	3	3	3	2	2	2	2	2	1

六、甲鱼健康养殖

107. 养甲鱼应具备哪些条件？

养甲鱼要取得高效益，必须要养好甲鱼，特别是要养出高质量的精品甲鱼。养好甲鱼需要具备以下几个基本条件：

（1）良好的环境 良好的生态环境是养好甲鱼的第一个基本条件，前面已经说过，养甲鱼的地方要没有任何产生污染的工业企业，也不要靠近主要交通干线，更不要有自然灾害发生的地方，如台风、洪涝等。此外，还应有良好的社会环境和和谐的民风。

（2）优质的水源 人工养殖的甲鱼大多时间生活在水里，充足优质的水源，是养好甲鱼的第二个必备条件。水源的质量不但影响到养殖甲鱼的成活和产量，更是影响质量的重要因素之一。水源最好是大型水库或湖泊的上层水，也可用无污染的地下水，但不管何种水源，都要符合淡水养殖用水标准，否则就不能用来养殖甲鱼。

（3）完备的设施 实践证明，没有完备的设施，要想养好甲鱼是很难的，如温室不保温，不但甲鱼容易发病，也会浪费大量的燃料和时间。在室外池塘中没有晒背台这个起码的设施，甲鱼就容易发病。所以，养殖甲鱼的设施一定要达到养殖要求。

（4）优质的饲料 饲料不吃不长，质量不好也不长，所以，饲料也是能否养好甲鱼的重要因素。饲料不但要充足，更要营养全面，结构合理和安全卫生，否则不但养不好，还会影响甲鱼的质量，所以饲料的质量也要符合国家的有关标准要求。

(5) 先进的技术 现代化养殖企业，没有先进技术是很难进行高效养殖的。利用先进技术养殖甲鱼，不但能够降低成本，更能优质高产。如利用水库网箱养甲鱼技术，不但可以利用水库的优质水源，节省土地资源，养殖的产品也是最好的。所以，先进的技术就是低耗高效技术。

(6) 优良的品种 优良的品种可在同等条件下取得更好的养殖效果，优良品种可采用不断选优和引进的方法。

(7) 科学的管理 要养好甲鱼必须进行科学管理，一切都要标准化、规范化，并用健全的制度进行管理。经调查，一些单位设施条件都很好，就是甲鱼养不好，那是因为缺乏科学的管理。设施是硬件，管理是软件，要养好甲鱼软硬都要抓。

(8) 高素质员工 即使以上七个条件都达到，如没有高素质的员工去认真执行工作，一切都会落空。如在用生石灰干法清塘的操作中，即使剂量和方法都对，不按正规的规程去操作，不但不起作用反而会造成负面影响。所以笔者认为，高素质员工应具备以下几条：一是具有遵纪守法的立人原则；二是具有一定的文化水平；三是掌握一定的养殖知识；四是有较娴熟的操作技能；五是具有认真做事的责任心；六是有刻苦钻研的创新精神；七是有和谐处世的人际关系。

108. 甲鱼养殖有哪些模式？

我国养殖甲鱼的模式很多，到目前为止，主要有以下几种模式：

(1) 工厂化控温养殖 也叫设施养殖和温室养殖。是指养殖环境完全不受外界干扰，而是由人工可控中进行养殖的养殖模式。工厂化养殖主要用来培育苗种，近年来，也有用来直接养成商品的。工厂化养殖是目前我国最先进的甲鱼养殖模式，目前占我国甲鱼总产量的65%，主要产区在浙江省的杭州、湖州、嘉兴、金华地区和江苏省的苏州、吴江地区。工厂化养殖的优点是，打破甲鱼在野外冬眠的生活习性，进行人工快速养殖，达到产量高、周期短和土地利用率高的目的；缺点是投资大，技术要求高，养成的商品口味相对差。

（2）室外池塘精养 相对室内养殖而言，是在室外池塘中以养鳖为主的养殖模式。其中，分泥塘精养和水泥池精养两种。这种方式的优点是，可以利用室外的气候条件，不用进行人工加温，养殖成本相对比室内养殖要低些，而且养成的商品口味要比室内的好，价格也比室内养成的高。特别是从苗到养成一直在室外池塘，经过4～5年，又是直接投喂鲜活饲料的甲鱼产品，被视为胜过野生的精品甲鱼，售价可高出一般甲鱼的几倍。缺点是养殖过程中会受到气候变化的制约，生长阶段只限于适温期，容易发生暴发性疾病，特别是土地利用率低，产量要比工厂化养殖低。

（3）室外池塘混养 在原养殖对象不变的情况下套养甲鱼的模式。这是一种节约型养殖模式，不但可大大提高池塘的利用率，节约大量土地资源，养成的商品质量也很受市场消费者青睐，售价也比一般的甲鱼商品高。我国标准化养殖池塘很多，所以池塘混养将是我国今后发展的主要商品养成模式。池塘混养的方式很多，如鱼鳖混养、虾鳖混养、鱼蚌鳖混养和蟹鳖混养等，一般视各地的具体情况灵活应用。

（4）家庭庭院养殖 庭院养鳖也是我国的一大发明，不管城乡只要在房前屋后地头院旁还是楼顶阳台，只要有空地适合养鳖，都可进行。从20世纪90年代开始庭院养鳖的家庭越来越多，养殖者不但增加了经济收入，也增添了养殖乐趣。

（5）其他有效水面养殖 只要达到养鳖的各项要求，一些有效水面就可进行养鳖，如稻田养鳖、茭白田养鳖、藕塘养鳖、网箱养鳖和河道养鳖等。这种养殖模式不但成本低，有的还可起到生态互补作用，也是我国今后可大力发展的节约型养鳖模式。

至于哪种模式最好，就是符合自己的市场、经济、技术和环境条件的模式，就是最好的养殖模式。

109. 什么是甲鱼无公害养殖?

甲鱼无公害养殖是甲鱼产品安全卫生的保障，甲鱼作为我国年代久远的传统美食补品，产品质量必须达到国家规定的无公害农产品要求。而所谓无公害农产品，是指产地的环境、生产过程、产品质量都应符合国家有关标准和规定的要求，经认证合格后获得证书，并允许使用无公害农产品标志的未经加工或初加工的食用农产品。所以，甲鱼无公害养殖要做到以下几条：

（1）养殖区域与池塘周边环境的要求 养殖区域内及池塘周边，应无或不直接受工业“三废”及农业、城镇生活、医疗废弃物的污染和惊扰。最好是在空气清新，环境优美，光照充足，离城镇较远，生态环境良好的乡间。

（2）养殖池塘底质要求 除水泥池外，室外养殖的池塘底质应符合国家无公害食品水产品养殖池塘底质的规定要求，其主要规定指标：一是无工业废弃物和无生活垃圾，无大型植物碎屑和动物尸体；二是无异色、异臭，自然结构；三是底质有害有毒物质最高限量（表15）。

表15 养殖池塘底质有害有毒物质最高限量

序　号	项　目	指标 （毫克/千克）（湿重）
1	总汞	≤0.2
2	镉	≤0.5
3	铜	≤30
4	锌	≤150

（续）

序　号	项　目	指标（毫克/千克）（湿重）
5	铅	≤50
6	铬	≤50
7	砷	≤20
8	滴滴涕	≤0.02
9	六六六	≤0.5

（3）养殖用水标准　按 NY5051 的规定（表 16）。

表 16　淡水养殖用水水质要求　　单位：毫克/升

序　号	项　目	标准值
1	色、臭、味	不得使养殖水体带有异色、异臭、异味
2	总大肠杆菌	≤5 000 个/升
3	汞	≤0.000 5
4	镉	≤0.005
5	铅	≤0.05
6	铬	≤0.1
7	铜	≤0.01
8	锌	≤0.1
9	砷	≤0.05
10	氰化物	≤0.005
11	石油类	≤0.05
12	挥发性酚	≤0.005
13	甲基对硫磷	≤0.000 5
14	马拉硫磷	≤0.005
15	乐果	≤0.1
16	六六六（丙体）	≤0.002
17	滴滴涕	≤0.001

(4) 无公害甲鱼产品生产规程 无公害甲鱼产品生产，包括苗种繁育、成品养殖和产品加工等。其中，成品养殖有工厂化养殖、室外水泥池精养，室外池塘混养等模式。不管什么模式，在生产过程中，各地区应在 NY 5067 的基础上，根据自己的具体条件，制订更加完善的操作规程，并严格执行。

(5) 无公害甲鱼养殖的禁用药物 由于甲鱼是较高档的美食补品，所以，在甲鱼养殖生产过程中的病害防治、用药更应严格和慎重。其中，下列药物为禁用药物：地虫硫磷、六六六、林丹、毒杀芬、滴滴涕、甘汞、硝酸亚汞、醋酸汞、呋喃丹、杀虫脒、氟氯氰菊酯、双甲脒、氟氰戊菊酯、五氯酚钠、孔雀石绿、锥虫胂胺、酒石酸锑钾、磺胺噻唑、磺胺脒、呋喃西林、呋喃唑酮、呋喃那斯、氯霉素、红霉素、杆菌肽锌、泰乐菌素、环丙沙星、阿伏帕星、喹乙醇、速达肥、乙烯雌酚、甲基睾丸酮。

为了确保甲鱼产品安全卫生，提倡用生物制品和中草药调节水生环境和疾病防治，并在用药过程中严格执行 NY 5073 的使用准则。

110. 什么是新型工业化养殖模式?

工业化新型养殖模式是笔者发明的养殖新模式，是指养殖过程中采用自动程控、低耗节能、保证产品安全的新型现代化养殖设施，并进行规范化操作、制度化管理，从而达到养殖产量高质量好的新型工业化养殖模式（图 19）。其最大的特点是立体化设施节约土地资源，减轻劳动强度，自动化程度高，可控性强，综合养殖成本低，这种模式是今后我国甲鱼养殖生产的发展方向。

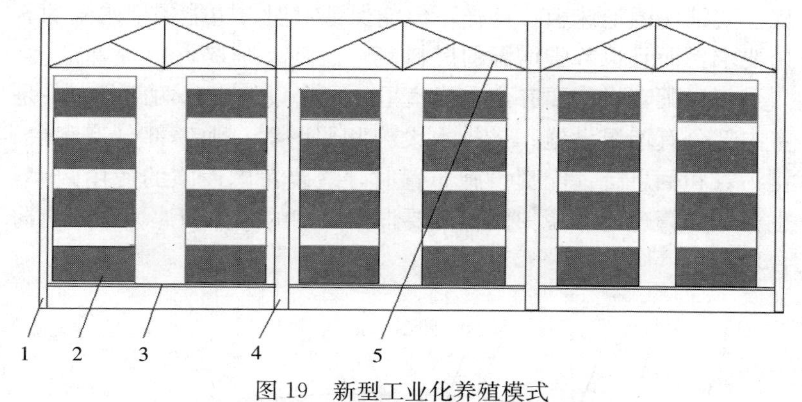

图 19　新型工业化养殖模式

1. 保温墙　2. 箱式养殖池　3. 地面　4. 钢架　5. 采光屋顶

111. 建造温室应把好哪几关?

温室养殖是目前人工设施养殖的主要形式之一，温室养殖的环境优势是能够达到人工可控的目的。所以，建造温室一定要把好以下几关：

(1) 温室要牢固　建造的温室一定要牢固，所以建造时要考虑到自然气候变化，并做最坏的打算。如沿海地区的台风和北方地区持续的大雪等，否则就很难保证会不出事故。如 1999 年，浙江舟山一甲鱼温室造好后甲鱼养得很好，但因台风季节台风把温室刮倒，甲鱼发病大批死亡，损失惨重。

(2) 温室池塘要保温　温室的结构主要分两部分，一是温室，包括外墙和棚；二是池塘。其中，外墙和棚是保室温，池塘是保水温。由于甲鱼在养殖过程中主要生活在池塘中，要达到养殖要求，这两部分都要保温，然而，多年来养殖企业在建造时只注重室内保温，忽略了池塘保温，这样就出现了室温很高，池塘的水温却始终上不去，特别是池塘底层水温很低的现象，严重影响甲鱼吃食生长。所以建造时，外墙和棚顶要用保温泡沫板，池底也要铺保温泡沫板，这样不但能保证室温，也能保证水温的养殖要求，而且也节省增温的燃料。

(3) 配套设施要齐全 温室里的配套设施也分两部分，一是室内部分有增温设施、进排水设施和照明等；池塘部分有食台、排污管和栖息台。配套设施布置时，既要考虑设施的使用效率，也要考虑管理的方便，设置时要根据温室的式样和池塘排列结构合理布置（图 20、图 21）。

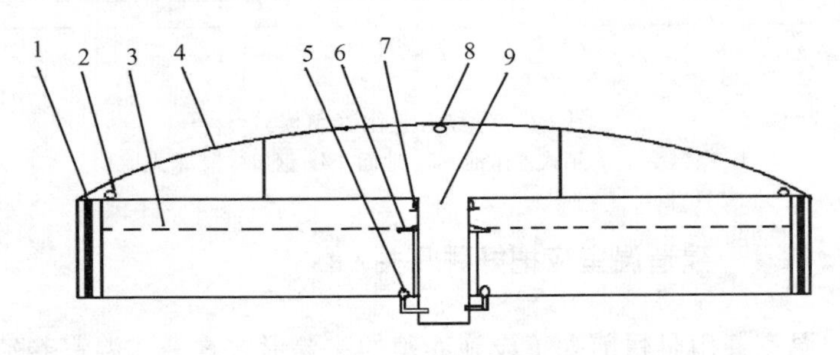

图 20 温室断面结构

1. 外墙保温层 2. 蒸汽管道 3. 池水线 4. 棚顶 5. 排污排水管 6. 饲料台 7. 进水管 8. 照明灯 9. 总排水与过道

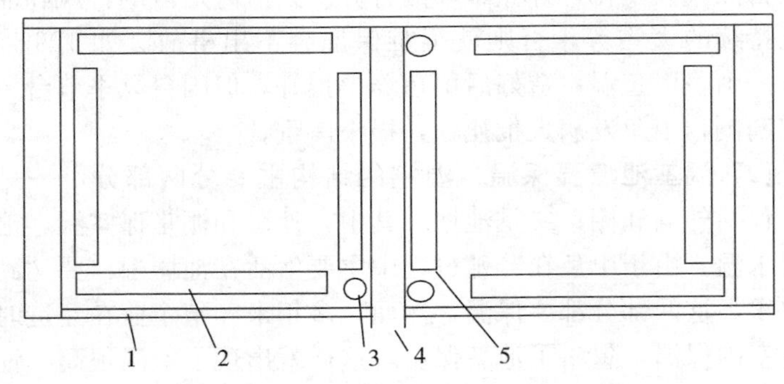

图 21 室内池塘与设施布置平面图

1. 池墙 2. 栖息台 3. 排污排水口 4. 总排水与过道 5. 饲料台

112. 什么是温室养鳖加温新设施？

由于传统的温室加温一直用烧煤的大型锅炉，不但耗能高，污染严重，成本也很高。所以必须用先进的节能环保新型增温设施，2012 年浙江金华东阳一家锅炉厂发明一种生物质锅炉（图 22），解决了目前温室加温高耗污染的问题。它的好处：一是用生物秸秆颗粒作燃料，烧尽后几乎呈无烟尘状态，所以无污染；二是体积小、很灵活，一般 1 栋温室 1 个，这样可以采用哪栋温室需要就烧那栋；三是节能省钱，应用结果表明，要比烧煤锅炉增温节省 50%以上，一般温室只要保温性能好增温成本 0.5 千克甲鱼只要几角钱，而用烧煤锅炉一般 0.5 千克甲鱼的增温成本需要 1 元以上；四是完全自动化，只要仪表上设置好室内需要的温度，就会自动调节，如当室内温度达到指标时会自动停止加温，相反室内温度不够时又会自动点火加温；五是安全，这种锅炉不会发生爆炸等事故，可以说生物质锅炉的诞生是甲鱼温室养殖增温的一次革命。

图 22　节能低耗生物质锅炉

113. 温室池塘里设网好还是用栖息台好?

温室池塘里设网或栖息台，都是给甲鱼设置栖息场所。不同的是设网袋是让甲鱼栖息在水下，而设栖息台是让甲鱼栖息在水上。但多年来的实践证明，温室池塘里设网有以下几个不良现象：一是甲鱼苗放养后易集中挤堆在网袋中不出来，造成互相抓伤或长期不出来吃食瘦弱死亡；二是在刚放养时因水浅网低，甲鱼苗钻进后都会本能地向网袋的顶部挤爬，当网袋的重量达到一定程度时就会收紧网袋并下垂至池底，使本应在水中张开的袋口因收紧和垂底成为一个封口的死袋子，甲鱼苗在袋中长时间无法出来吃食而瘦弱死亡；三是网袋的网目在水池中时间长后污垢或生物膜会把网眼糊死，如不定期洗网，钻进去的甲鱼苗会因缺氧而窒息死亡，而洗网要干扰甲鱼的正常吃食，以上事故多发生甲鱼苗规格在 3～30 克的培育阶段；四是由于网线太细，当甲鱼种长到 250 克以上时，因个体规格较重，甲鱼在网中攀抓勒坏而感染发病（多为烂爪病）。由于脚爪部位毛细血管较发达，一旦刮破就会感染疾病。特别是甲鱼在水下栖息，起不到晒背的作用，所以还是用木板或水泥瓦搭栖息台好。

114. 为什么说排污是温室优化水质的关键?

温室里甲鱼因水中毒的死亡，近年来呈上升的趋势，特别是养得越好的甲鱼池越易发生，这是因为池水中污物分解后产生有害气体造成的。所以，去除污物是优化池水的最好办法，也是一项关键性的技术措施。过去去污多用换水的方法，不但影响甲鱼正常生长，也因换水的干扰容易引发甲鱼疾病，同时，还要浪费大量的水和烧水的燃料。目前，直接去除污物的办法很多，如用笔者发明的去污器，即不用任何动力操作也很简单，去污后整个温室养殖期不用换水，养殖成本大大降低，而养殖效果大大提高。

115. 封闭性温室怎样科学充气？

我国工厂化设施养殖甲鱼的主要增氧设施基本定型于罗茨鼓风机充气，它的作用有以下两点：一是增氧，就是用罗茨鼓风机把空气通过小管道压送到终端的砂滤石，再通过砂滤石中的微细孔喷出微细气泡，并在气泡上升过程中，使空气中的氧溶解于水体中成为水体溶解氧（DO）；二是通过砂滤石中微细孔喷出的气流推动水运动，使水平面形成波浪，以增加水体与空气接触的水表面积，并通过水体与空气的氧压差，使空气中的分子氧溶于水体，成水体单质溶解氧。通过试验发现，后者的增氧效果明显优于前者。改善水体底层环境，主要是通过水运动把水体底层的有害气体溢出水体散发到空间，有效地降低了水体有害气体的浓度。同时，通过水运动把沉底的有机污物呈悬浮状，便于吸污设施吸附后排出水体，从而达到改善总体水生环境的目的。而这种改善效果的好坏，取决于运动水体表面波浪和水体垂直交换量的大小。

甲鱼属爬行类变温动物，在适宜的温室养殖环境中，只要温度和环境保持在良好状态，一般除觅食外，甲鱼大多栖息在食台和栖息台，很少在水体中或在水底层，相对的活动也较少。此时，甲鱼的呼吸以肺呼吸为主。只有在遇到干扰或环境变化时，甲鱼才会做出一系列的反应和活动，如水温的突然变化和人员进温室操作对其的惊扰等，都会迫使甲鱼做出逃离和躲避等一系列反应，而这些反应和活动的区域大小，正是能否导致甲鱼应激和损伤体表感染疾病的因素。同样，如充气时间安排不妥，也会造成甲鱼有害气体中毒死亡。如当晚上温室密封后就不应再开鼓风机增氧，因这时充气会形成两种现象：一是有害气体（如氨等）

因充气溢出水面到空间，有害气体会在空间逐步增加浓度，而甲鱼正好在空间栖息，就极易造成甲鱼中毒死亡。如 2002 年浙江德清县梅姓兄弟温室养鳖，在长到快要出售时，充气增氧的甲鱼整池死亡，而不充气的甲鱼却无一死亡。二是因充气会大大降低池水温度，从而加大了加温所需的热能消耗。正确的充气方法是：稚苗放养后的 2 个月内，因相对密度较低，吃食排污也少，所以对水环境的负面影响也极小，这段时间就不用充气。甲鱼长到 100 克以上后开始充气，但充气时间应与温室工作人员的投喂、排气等操作相结合，一般应安排在 5:00～20:00，因这段时间正是饲养和技术人员要定时进室内操作观察的时间。当人进去后，甲鱼一般都会快速躲入水中，而且这时室外的气温也相对较高，可以在操作的同时安排放气，在这段时间给水中充气，不会增加室内有害气体的浓度，对室内的温度也不会有太大的影响。20:00 后，一般不会再进温室操作（特殊情况除外），甲鱼也大多在栖息台，很少在水中或池底，当然也不会在这段时间安排温室放气（因夜间室外气温较低），所以这段时间就不用充气，可省下电能节约开支，也可避免因充气增加空间有害气体的浓度，造成甲鱼死亡。

116. 封闭性温室的池水施生石灰应注意什么？

用生石灰调水的目的是，为了调节池水中的 pH。而 pH 又与养殖池中的有害气体氨有密切的关系，因为氨（NH_3 - N）在鳖池中的发生，主要是由鳖的排泄物、剩饵和池水中各种生物死亡后的尸体在异养微生物的氨化作用下形成的。特别是在封闭和半封闭性温室中，当硝酸盐被还原时，氨浓度升高并成为无机氮的主要形式。甲鱼氨中毒，是水合氨能通过生物表面渗入体内，其渗入量取决于水体与生物体液（如血液、水分等）的 pH 差异。如果任何一边液体的 pH 发生变化，生物表

面两边未电离 NH_3 的浓度就会发生变化，为了取得平衡，NH_3 总是从 pH 高的一边渗入 pH 低的一边。如当水体中 pH 高时，NH_3 就从水中渗入生物的组织液中，生物就会中毒；相反，NH_3 从组织液中排出体外，这是一种正常的排泄现象。这就是我们平时强调在温室甲鱼池中泼洒生石灰前，必须测定 pH 和氨浓度的道理。此外，由于 NH_3 分子不带电荷，有较强的脂溶性，故易透过细胞膜而造成生物中毒。就甲鱼而言，当氨的浓度达到致甲鱼中毒时，首先通过呼吸系统，破坏甲鱼的正常呼吸机能和对呼吸器官的损害，同时刺激神经系统，使其产生异常反应，最后导致抽搐死亡。当长期不排污、池水中氨浓度高时，绝不能用生石灰调节水体 pH，否则会加速甲鱼氨中毒死亡。

117. 温室养鳖为什么要分养？

分养，是工厂化甲鱼养殖中一个十分重要的生产环节。因分养的优点是在周期平均密度的基础上进行前期密养，以后根据生长规格情况进行合理分养，并根据自身的具体条件来制订分养次数。它有以下几个好处：一是前期密养可减少用池面积、减少耗能和节省用工量。如设计在平均养殖规格到 250 克时的周期，平均密度为每平方米 25 只，前期鳖苗规格是 3～50 克时，前期密养的密度就可增加到每平方米 50～70 只，是周期平均密度的 2～3 倍，这在养殖规模较大的养鳖场来说，不但减少了2/3的养殖面积，同时也相对减少了用工量和相应的能量消耗（如水、电、热等）。二是能加快鳖苗的生长速度。由于鳖与其他鱼类一样，苗种阶段能产生群居效应，所以能提高鳖苗的摄食和生长率。试验发现，在同样面积中养鳖苗，密度以每平方米 100 只为基数，然后以每减 20 只下行梯度进行试验 3 个月，试验期间用同样的方法进行管理，考核其成长速度、饵料系数和发病死亡几个指标。结果为第1个月密度为每平方米100～60只的各项指标最好，20只以下的最差；第2～3个月为60～40只的最好，40只以下的次之，80只以上的最差。从这个试验表明，苗种阶段前期密养对养殖是有利的，而密养的密度以不超过每平方米60只为最好。三是通过分养合理调整密度后，便于规格大的强化养成商品鳖先上市，以回笼资金。通常鳖苗经过前、中期的适当密养后，难免会出现规格差，一般是以大的30%、中的50%、小的20%的比例出现，此时可把大的以低密度进行强化养殖（一般为每平方米15～20只的密度），养到春节前后可逐步上市。由于通过分养规格较整齐，所以上市时捕捞也很方便，可放干池水整池捕出。而不分养的虽然在同池中也有部分规格较大的可上市，但上市时不但捕捞不便，也极易损伤同池不够规格的鳖种，往往会出现捕一次就发生一次疾病，很不方便。如不捕出上市，又会使同池的规格差更加悬殊，从而影响群体产量和质量。所以，在操作水平较高的养殖场，只通过分养这一措施，就可提高养殖效益15%左右。

由于分养是由前期密养产生的，所以制订合理的养殖密度十分重要。通常，制订养殖密度的依据有以下几点：一是养殖模式。泥底式控温养殖，就以每平方米不超过20只为好，不搞前期密养，可采用一养到底法，所以也不用中途分养；水泥池无沙无巢式绿水养殖，可采取前期密养，密度以每平方米不超过50只为好，而周期平均密度则为每平方米25只；采光式无沙设栖息台的养殖方式，前期密养以不超过每平方米60只为好，平均周期密度以不超过20只；封闭性温室无沙设栖息台养殖的，前期密养的密度以不超过每平方米80只为好，而周期平均密度为每平方米25只。当然，各地还应根据本地的具体模式灵活应用，不应死搬硬套。二是养殖技术。在已具有多年养殖经验，或有一定技术部门指导的情况下，可以搞密养和分养；而对一些规模小，初搞养殖又无确定的技术指导的地方，还是采用低密度一养到底较安全。三是市场情况。对一些离市场近、零售量较大的地方，还是采取前期密养与分养的模式为好，这样便于随时捕捞大规格的成鳖上市。

118. 温室分养怎样操作?

甲鱼分养前应做好充分的准备工作，特别是人员配备十分重要。人员配备按分养的工作程序安排，如抓捕、运输、分档、点数记录、鳖体消毒、放养等。分养前还应把用来浸泡预防疾病的药物先配好，此外，分养的时间也要计划好，尽量做到上午分养，中午结束，下午投喂。这样不但适应快，生长不受影响，也不会发病。分养的具体方式有以下几种：

(1) 疏散分养法 即从密养池中疏出计划数量到其他池中的方法。如密养池中原来是每平方米 50 只，现在需疏出 25 只，就直接从密养池中捕出 25 只即可，不必分规格，这种方法多用在 50 克以内的鳖苗阶段。操作时应先把空池消毒后培好水，再用光滑的盆在密养池中带水摸出即可。如是无沙养殖的，可用捞海捞出；有的无沙池中是吊网袋的，就用捞海直接伸到网袋底下，再把袋中的鳖苗倒进捞海即可。总之，疏散法比较简单，但也要求盛放鳖苗的容器用光滑无死角的塑料盆，并始终带水。

(2) 清池分档法 一般用在鳖种规格 100 克以上，并明显出现规格差的情况下，通常在每年的 2～3 月。操作方法是：如是有沙养殖的先放干池水，再把鳖全部抓出，然后在盆中带水进行分档，一般可分为大中小三档。与此同时，把捕出的空池冲洗干净等待放养。如是无沙养殖就先把水放低到 20 厘米，然后用捞海捞出，最后剩个别的捡出就可，同时把空池冲洗干净。分档法不但要求全过程带水操作，还要求操作时动作轻快，尽量减少鳖种在盆中的密养时间，并进行严格的鳖体消毒。

分养结束后应及时投喂饲料，第一次投喂饲料可以少些，以后逐步加到正常。

119. 温室甲鱼移到外塘应注意什么？

由于近年来许多早春流行的暴发性疾病与封闭性温室甲鱼移到外塘有关，春季出池已成为养殖操作的一个防病关键。封闭性温室甲鱼春天移到外塘养殖应注意以下几点：

（1）掌握好出池前后的天气变化 由于气候环境的变化与赤白板病的发生密切相关，所以，出池后有连续 10 天以上的晴好天气，使水温在 25℃基础上有上升的趋势。这样出池后，甲鱼就能较快地适应室外的环境，进入正常晒背觅食活动。由于能吃食，也好从口服的途径投喂些防病药物。否则，就不能出温室移养。

（2）平稳过渡室外环境 用全封闭温室养的鳖，出温室前 1 个月应做好室内环境的调控工作，如逐步降温与饲料转口等。降温不单纯是停止加温，而应在晴好天气逐步打开窗户或塑棚膜，调控到移出温室时室内室温与室外气温同步，而投饲也应放在白天，饲料品质也应在室内逐步从幼鳖料转为成鳖料。

120. 什么是甲鱼"两年养三茬新技术"？

"两年养三茬新技术"，是利用人工可控的工厂化养殖设施，人为提供甲鱼生长所需的温度、饲料等，通过三次放养，多次分级分养，分段起捕常年上市，达到每 8 个月养成一茬甲鱼商品的高产、优质、高效的养殖技术。现把养殖的基本条件和工艺技术要点介绍如下：

（1）两年养三茬成鳖的基本条件 要求温室保温性能好，有供热、供水条件（水质要符合养殖标准）。鳖池大 50 米^2、池深

50 厘米、水深 40 厘米，池中设饲料台（或饲料栏）、栖息台、排污设施、充气设施和注排水方便。

(2) 两年养三茬成鳖的工艺流程 两年养三茬甲鱼商品的工艺流程为：第一批苗从当年 6 月初开始放养，到翌年 3 月底进行第一次分养，养到 6 个月时进行第二次分养。捕捞从第二次分养开始每月进行，到翌年的 3 月全部捕完；第二批苗从翌年的 1 月初开始放养；第三批苗从翌年的 8 月初开始放养（表 17)。

表 17　放养与分养规格密度与捕捞比例工艺流程

放养与分养时间	年份	当年				第二年								第三年				
	月份	6	8	11	12	1	2	3	6	7	8	9	10	1	2	3	4	5
放养与分养规格（克/只）		3.5	50	250		3.5		50	250		3.5		50	250				
放养与分养密度（只/米^2）		100	30	20		100		30	20		100		30	20				
捕捞比例（%）				5	15	20	25	25	5	15	20	25	25	5	15	20	25	25
实际养殖时间		24 个月																
备　注		①平均放养密度为每平方米 25 只；②第一、二批苗可用境外苗；③成活率设计为每茬鳖 90%；④第一批苗的放养时间可根据当地特点提前或退后																

(3) 管理要点 ①放养与分养：放养可按表 17 要求的数量和规格进行，放养前池塘用市售的碘制剂消毒药物按说明浓度干池消毒，然后注水到标准水位后就可放养。放养时水温要和进苗环境的水温一样，放养前鳖体可用 1%的盐水浸泡 5 分钟消毒。分养时可按要求挑选不同规格和密度放养，并把规格大的放养到离温室门口较近的池中，以利今后捕捞销售。放养和分养结束后，为了做到有效防病，还应在池中泼洒预防体表感染的中草药

水。配方为：五倍30%，乌梅30%，黄芩20%，艾叶10%，菖蒲10%。以干品呈池水20毫克/升浓度煎汁泼洒1～2次，效果较好。②投喂驯化：小苗放养后的驯化尤为重要，驯化时间一般为6～10天。方法为：先在放于水中的饲料板上遍撒与鳖口径相应的颗粒饲料（饲料板多为放置于水上离水面2厘米处），使鳖苗逐步养成到食板上吃食的习惯。撒饲料时可略多些（先不必按投饵率），大约5天后鳖苗都会到食板上吃食，此时起就应把饲料往板的中间撒，使其能在25分钟内吃光为标准，并以这个时间内是否吃光，为下餐投喂数量增减的依据。③生态管理：一是要调节好室内的空间环境，即室温在30～32℃，光照时间不少于8小时，室内绝不能出现异味，所以定期排气是管理的关键，特别是春夏晴天的中午，应用气窗放气1小时以上；二是水生环境的管理，关键要做好及时排污，排污后可以每立方米水体泼洒30克生石灰化水调pH 7以上，如池塘中红虫多也要及时捞出。④捕捞：由于进行了定期分规格分养，捕捞已不用过去那种较麻烦的捕大留小法，而是选规格大的池用彻底清池法捕捞。由于是在温室里捕捞，所以不管刮风下雨都很方便。捕捞结束后可把空池彻底消毒，数天后就可放下批苗。

121. 什么是两季保温养殖法?

采光棚两季保温养鳖新技术，是一种不用任何加温设施的采光棚两季保温养殖新技术。不但成本低，无污染，而且病害少，成活率高，生长快，质量好，是我国目前和今后因地制宜推广的养鳖新模式之一。采光棚两季保温养鳖，就是在客观的气候条件下，利用采光保温棚早春、初冬两季盖棚保温。利用太阳光能增温培育苗种，晚冬季节开棚自然越冬，夏秋撤棚常温养成商品鳖。一般养成周期为16个月，可比全程在棚外池塘养殖周期缩短10个月。工艺流程为：

当年 8 月中旬到 9 月中旬，常温养殖，气温在 25℃ 以上，鳖苗养到 20 克

↓

当年 9 月中旬至 11 月中旬，盖棚养殖，气温 25 ～ 15℃，苗种养到 80 克

↓

当年 11 月中旬至翌年 3 月初，开棚越冬，气温 10 ～ 15℃，苗种冬眠

↓

翌年 3 月初到 5 月中旬，盖棚养殖，气温 15 ～27℃，苗种养到 150 克

↓

翌年 5 月中旬至 10 月中、下旬，常温养殖，气温 25℃ 以上，鳖达 400 克以上，逐步上市

采光棚两季保温养鳖的基本设施，一般可分为两大部分：

(1) 保温棚 要达到既采光又保温，还要考虑方便于管理和自然越冬。通过多年实践认为，南方地区棚顶以拱形为好，棚设两层塑膜架，膜架可用竹木、薄壁管等。北方地区（冬季最低气温在零下的除外）的温棚还是采取一面坡式为好，其中，北墙与小北坡应有保温层，这样便于严冬时有一定的水温越冬（水温不低于 5℃）。南方式从排水的过道与棚顶高为 1.8 米，过道宽 80 厘米，并有 1%的坡度向外排水。北方式排水在北墙根，沟上盖上水泥板就是过道。北方地区在气温低于 10℃ 进入越冬期时不用开棚，可用遮阳布挡住部分光线（一般采用条档法），棚中不需太强的阳光增温，使鳖能在暗光下安静越冬。

(2) 鳖池 一般都采用砖砌池墙水泥抹面，池深 50 厘米，单池面积 50 米^2 左右。一般为长 10 米，宽 5 米，池角要求圆形。

池底也用水泥抹面，池底向排水口方向应有0.5%的坡度。池的排水控制可用PVC管插拔来进行，池底与排水沟的落差不得低于30厘米，而池里的排水口应设在池的一角，排水口安上吸污器，以利养殖时吸污。进水管道设在过道的池墙内壁上，并在每个池的角上安一个注水阀门。

通常按照上述结构与模式建成的温棚和鳖池，每平方米造价一般不超过60元，可比目前的全封闭温室造价降低1～2倍（图23、图24）。

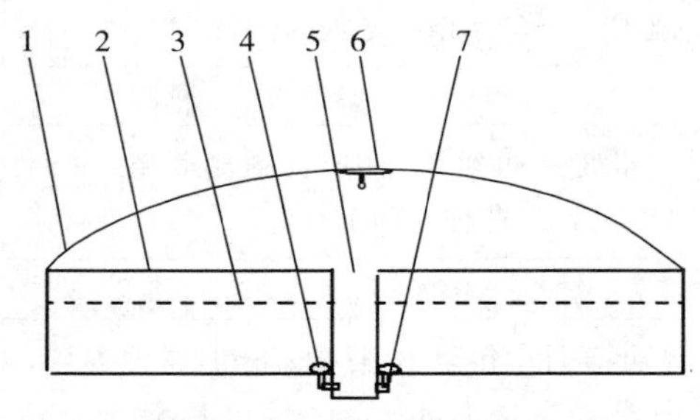

图23　南方式塑膜温棚

1. 塑膜棚顶　2. 池墙　3. 水线　4. 吸污器

5. 过道与排水沟　6. 照明灯　7. 排水阀

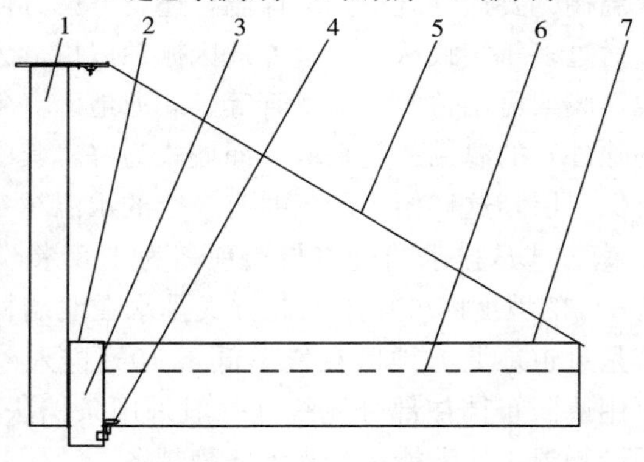

图24　北方式塑膜温棚

1. 北池墙　2. 过道板　3. 排水沟

4. 吸污器与排水阀　5. 塑膜棚顶　6. 水线　7. 池墙

122. 大棚养鳖有哪几项技术措施?

采光大棚养鳖，应抓好以下几项技术措施：

(1) 放养前准备

①打好底质：温棚与鳖池建好后，除了清塘消毒，池底栖息层应考虑养殖和越冬的需要。笔者的经验是池底铺30厘米细沙，并在每个池角放少许泥土，这样既有利于越冬，也利于开棚后搞生态养殖。特别是泥土不但有一定的润滑性，对肥水也有一定的缓冲性。对铺底的细沙粒径必须一致，一般要求0.6毫米，切忌粗细不匀。

②搭设晒背台与饲料板：由于全采光能达到晒背的目的，所以设置晒背台十分重要。晒背台宽1米，长2～3米。制作时取3块厚3厘米、高10厘米、长1米的木板，先用锯把木板一边的两头角锯去，使木板呈横立长半圆形，然后在圆背上钉竹片或薄板，片距为3厘米，钉时其中一块木板立在中间，钉好后在竹片或薄板上蒙上一层纱窗网布就可。设置时先在池底用砖（或其他支撑物）搭一个架，然后把晒背台架在砖上就可。这样在养殖期间，白天有太阳时，鳖会爬到晒背台上晒背。饲料台一般设在池里靠过道一边的池墙边。如是水下投喂黏合性好的颗粒饲料，只需在水下平铺一块水泥瓦即可，但要求水泥瓦离水面不超过10厘米。

③注水培肥：池中的设施搞好后，应把水注到标准的35厘米。而鳖苗放养前应先把池水培肥，做到肥水下塘。因肥水下塘的好处有：一是培好的绿水是个安静稳定的水体环境，鳖在池水里比较安定；二是绿水中有大量的光合藻类，白天可不开增氧泵，节省用电成本；三是有些藻类会在池壁和一些附属设施上附着，形成一层生物膜，使苗种在爬行时不易损伤体表；四是绿水中有一定的浮游动物（如枝角类等），既是鳖苗的开口好饲料，

也能吞食一些病原菌，起到防病作用。肥水的方法是，每立方米水体用牛粪（鲜牛粪）500 克，尿素 10 克，过磷酸钙 5 克，把肥料先在桶里溶好后均匀泼洒于池中。在晴天有阳光的情况下，一般 3～5 天就可达到要求，即水色变为茶绿色或黄绿色，透明度为15～20 厘米。

(2) 鳖苗放养

①放养密度：由于冬季不加温，进行自然越冬一次养成法，故放养密度为每平方米 15～20 只。

②鳖苗挑选：按常规的要求，规格整齐，无病无伤，并要求同一棚内的鳖苗放养时间差不超过 5 天。而鳖苗最好是孵出后经过 24 小时暂养，卵黄囊刚消失，羊膜脱落未经开食的健康鳖苗。

③鳖苗放养：放养前可用刺激小、性能高的药物浸泡消毒。如用 2%盐水浸泡 5 分钟，也可用聚维酮碘按药品说明浸泡。放养时，轻撒于池水中即可。

④及时开食：放养后在饲料台中撒上一层粒径较细的饲料颗粒即可。如当时不吃也无妨，因池水中有大量的浮游动物供鳖苗觅食，而投饲料只是以诱食为主，开食的饲料中头几天应添加些熟鸡蛋黄或红虫，比例为 10%～20%。

(3) 科学投饵

①定质：在质量上除用人工机制配合饲料外，应添加新鲜无毒的瓜果菜草汁，以补充各种维生素的不足，同时也可提高饲料的适口性。笔者过去曾提倡在饲料中添加些新鲜的动物性饵料，这要看当地的资源而定。值得提出的是，近年来一些地方大量用冰冻制品和动物内脏，由于在应用时方法不当（如冰没化透就用）和一些内脏质量不好（如有病变的肝脏等），再加上比例过多，出现过一些对生长不利的现象。所以，提醒大家一定要投喂不变质的鲜活料，如鲜鸡蛋、鲜蚯蚓、鲜螺和鲜鱼等。否则就不要乱添加，而添加比例除亲鳖外，一般以 5%～20%为好。

②定量：即以前餐的吃食情况和当天的气候变化情况，以

10%的幅度灵活增减。如前餐全部吃光，而当时的天气又很好，这对有采光性能的大棚来说，鳖的吃食量一定增加，所以就增加10%；如前餐全部吃光，而天气变成阴雨天时就不应增加吃食量；在同样天气情况下前餐剩余较多，还应减少10%的量。切不可去死套投饵率，以免造成不应有的浪费和污染水质。

③定点：定点投饵，是鳖养成吃食习惯，减少浪费的关键。笔者通过多年的实践，认为投饵定点应视当时棚内的环境灵活应用。如当气温较稳定而棚内的空间温度也较稳定时，还应采取水上食台投喂，最好采用栏栅状食台用条状饲料投喂法。如是温差大、空间环境不稳定的情况，在搞好饲料黏合性的前提下，可以水下投喂，食台可采用栅笼状板式平铺水泥瓦的方法。总之，大棚里不加温，空间环境受外界的影响是在所难免，所以各地可因地制宜灵活应用。

④定时：定时投饵，也要根据季节情况灵活而定。一般在气温25℃以上时，投喂3次，即8:00、16:00和21:00；当室外气温在25℃以下，而室温25℃以上能保持8～10个小时，投喂2次，即7:00、14:00；当室温20℃以上保持不到8小时，一般中午喂1次就可；当室内气温20℃以下时，就应开棚让其自行停食过冬。

123. 怎样管理大棚的生态环境?

在大棚内，养甲鱼的环境分空间环境和水生环境两大部分。采光大棚的空间环境，由于受气候环境的影响，季节与昼夜的变化较大。通常把空间环境中的主要调节因子，归纳为光照、室温、湿度、干扰因子、气体成分与浓度。这当中光照完全取决于自然，人为的灯光补充是极有限的，室温几乎与光照气温同步，所以在没有增温设施的情况下，调节应视当时的气温情况而定。把保温作为重点调节因子，按季节调节。一般在气温25℃以上时，基本不盖棚，谓之常温养殖；而当气温降到20～25℃时，就应盖上外边第一层膜。但盖上后有时晴天太阳好时，9:00～14:00 间室内温度会高达 40℃，此时调节可稍打开棚底部一条缝，一般要求两头打开，使其对流，时间通常在11：00～12：00 间，通风时间为 1～2 个小时。而当气温降到 15～20℃时，就应盖上第二层膜，使棚内的室温白天达到平均 25℃，而晚上因无阳光充能，室温会降到 20℃。此时，鳖在池底不会太活动。如果还想保温使鳖在晚上再吃一次食，可在塑膜外层再盖上一层厚 3～5 厘米的草帘子。棚内用灯光照明 8 小时（一般在前半夜），用这方法可延长 10～20 天的觅食强度，以增体重。当气温降至 15℃以下时，棚内已达不到较长的觅食温度。相反，较短时间的高温，只能增加鳖机体对环境温差的调整频率，从而影响体质和健康，对越冬不利。所以，可以逐步开棚，方法是先揭外层棚一边的底部 1 米塑膜，过 3～5 天后再揭开另一边与对面同样的高度，再过 3～5 天后照上法揭开第二层塑膜就可。切忌一次揭掉，揭时，塑膜往里卷，这样便于下雨时淌水。为了防止大晴天强度照射，棚顶可盖几条草帘子遮强光，使棚内有些暗光，这时棚内形成温度较低，鳖开始暂伏不动，但却不受风雨的侵袭，所以更利于安全越冬。冬季棚内如无特殊的异常不用再动它。翌年早春，当气温增加到 15℃以上时，再采取从里到外逐层盖棚的方法，使棚里温度达到 20℃以上，使鳖逐步活动吃食。一般从盖棚到觅食需 4～8 天，这样一直到室外气温持续上升到 20℃以上时，再从外到里逐步开棚，进入常温养殖。此时的塑膜如无损坏，可一直卷到棚顶再捆住，如已老化破损，可全揭掉，晚秋再换新的塑膜。采光大棚的水生环境，由于采光，可进行绿水生态养殖的模式进行。在养殖过程中，需关注的几项调节因子，主要有物理因子水温、光照、波浪、水色和透明度等，生物因子浮游生物、病原体和养殖对象等，水化学因子更多，但主要是抓住溶解氧和 pH 即可。在控制和调节过程中，要结合自然气候条件与空间环境对水体的影响。水生环境中的物理因素，主要取决于自然气候（如光照与温度）。所以，人工调节着重于生物与水化学。一般淡水中存在一定数量的生物量（或叫平衡量）对养殖是有利的，但当生物中的浮游动物（主要是枝角类）超过每升水 2 万个/时，就应及时捞出，而能作为光合作用增氧的浮游植物（藻类）每升水应保持 2 万个以上。当数量不够时，就应肥水培养，培养方法最简便的是提取无病池中的肥水作为母液，一般以本池水的 1/5 就可。而池中的水化学只要水体保持绿色和有一定数量的浮游植物，进行生物增氧，并及时捞取吞食浮游植物的浮游动物，使生物保持“平衡”，一般不会出现缺氧现象。水化学中的 pH，则可用生石灰每立方米水体 20～30 克化水泼洒，调节至 7～8 之间就可。而到冬季越冬时，也应保持一定的肥度，否则池中也会缺氧而影响越冬。

124. 什么是甲鱼“两步”养殖法？

高效两步养殖法，是指第一步在温室里控温育成规格在 400 克左右的鳖种，然后移到室外养成商品上市的养殖法。说其高效，主要是其要比直接在外塘从苗养到商品的周期短，产量高，而质量却比温室养成的要好，所以价格几乎与外塘直接养成的一样。因此，它比单纯的温室养鳖和野外养殖的效益都高，但缺点是投资大。两步养殖法的技术措施，温室育苗阶段和温室养殖一样，室外阶段与室外养殖技术一样，不同的是在温室移养到外塘时，一定要做到 109 问的要求，否则易发生疾病。

125. 鱼塘混养甲鱼有哪些好处？

鱼鳖混养，是在原来养鱼的池塘里，在正常养鱼的基础上再套养甲鱼的养殖模式，它适合于任何标准鱼塘。鱼塘混养甲鱼有以下好处：

(1) 成本低效益好

核算：以一般土质面积为 1 亩的鱼塘，并按投喂与不投喂两种方案进行核算为例。

【不投喂方案】

投入：鳖种 50 只，800 元（以每 500 克 20 元计，每只鳖 400 克为 16 元），其他 150 元（主要是针对养鳖进行的池塘改造费用和放养后 15 天内投喂的饲料），合计 950 元。

产量：38.75 千克（成活率 90%，每只 750 克计）。

产值：2 700 元（以每千克生态鳖售价 80 元计）。

利润：1 750 元。

如池塘饵料资源少，只套养 30 只，则利润为 1 050 元。

【投喂方案】

投入：鳖种 100 尾，1 600 元（以每 500 克 20 元计，每只鳖 400 克为 16 元）。池塘改造费 100 元，投喂螺蛳费用 300 元（300 千克，每千克 1.0 元），合计 2 000 元。

产量：67.5 千克（成活率 90%，每只 750 克计）。

产值：5 400 元（以每千克生态鳖 80 元计）。

利润：2 400 元。

(2) 质量好，市场大 池塘混养的鳖由于环境好，密度稀，又食生物饵料，所以质量要优于常规养殖的鳖。故在市场上不但价格好，而且很受消费者喜爱，所以市场很大。

(3) 技术简单易行 由于在鱼塘中混养，所以只要会养鱼的人都可进行，技术十分简单。

(4) 节省土地 混养在鱼塘中进行，不用另占土地建池，这不但可节省大量的土地，也大大提高了养鱼池塘的利用率。

126. 池塘鱼鳖混养如何操作？

池塘鱼鳖混养，一般适合春放秋捕的商品养殖。

（1）鱼鳖混养的池塘条件 进行鱼鳖混养的池塘必须具备以下条件，否则就不能进行鱼鳖混养。

①池堤牢固，池深1.2～1.6米，池坡比最好1∶3～4。

②注、排水方便。

③池塘内坡无木质性杂草。

（2）放养前准备

①做好防逃设施：在池堤上用硬塑板或石棉瓦做好防逃墙，防逃墙要求地下25厘米、地上30厘米，并要求牢固。

②清塘消毒：清塘消毒与养鱼相同，一般用生石灰150千克/亩干法消毒，并清除池底一切与养殖无关的杂物。

③注水放鱼：按常规养鱼进行。鱼放养前应用0.3%浓度的盐水浸泡5分钟消毒，放鱼最好在清晨太阳出来前进行。有条件的地方，也可采用秋放过冬的模式。

（3）鳖种放养

①放养品种：本地培育的中华鳖。

②放养密度制订：放养密度一般是以池塘中饵料多寡和池塘土质情况，以及是否采用投喂模式而定。同时，为了能使甲鱼通过春放秋捕上市的规格，一般采用400克大规格鳖种放养（表18）。

表18 不同土质与不同投饵情况的放养密度

土质	鳖种规格（克/只）	投饵情况	放养密度（只/亩）	备注
泥土	400	不投饵	50	养到当年11月，一般能长到750克左右上市
		投饵	100以上	
沙土	400	不投饵	50	
		投饵	150以上	

③放养：应选晴好天气，并使水温达25℃以上。放养前鳖体用3%的盐水浸泡5分钟，放养时应贴水面任其游走。

（4）管理

①放养后半个月内，应投喂些鲜活饲料如鱼、螺等。

②巡塘和其他管理同养鱼。

(5) 捕捞暂养 捕捞一般先捕鱼，在用网捕鱼时也会捕起部分甲鱼，等鱼捕完后再把池水彻底排干，进行人工抓捕。

甲鱼捕起后如一时销不完，可在家中屋里或院子里用砖或木板搭个小沙池进行暂养，一般沙池高30厘米，沙厚20厘米（沙子粗细要匀要细），暂养时沙子应保持一定的湿度。

127. 甲鱼池塘怎样套养太阳鱼？

太阳鱼是我国从美国引进的淡水养殖新品种，由于太阳鱼是以池塘中有机碎屑和浮游生物为主要食物，所以太阳鱼还有改善池塘生态环境的特点，而目前市场上太阳鱼的售价几乎超过一般的甲鱼。经过笔者的多年研究，甲鱼池塘套养太阳鱼不但可行，还能每亩池塘增收2 000元以上的效益。

(1) 基本条件 只要能养甲鱼的野外池塘，野外气温不低于0℃和高于40℃就能过冬保种和生长繁殖。

(2) 放养 甲鱼池套养的太阳鱼，规格最好在30～50克，也可放鱼苗，但成活率比较低。放养密度为每亩放养乌子头鱼苗15 000尾；30克以内放养10 000尾；30～50克放养6 000尾就可。放养时间最好在每年春天的5～6月。

(3) 管理 一般和甲鱼养殖管理相同，特别要求定期检查池塘拦栅，以免逃鱼。

128. 河虾能和甲鱼混养吗？

河虾池养鳖是在水源和环境达到无公害化要求的条件下，在常规养虾的池塘里套养鳖种，养成商品鳖的高效生态养殖新模式。如浙江海宁、桐乡和江苏昆山等地用该模式养殖，经济效益较单养提高2倍以上。

(1) 虾鳖混养的原理与好处 虾是鳖在野生环境中最喜食的饵料，按理不应该混养，但研究发现，在各自养殖密度合适不形成饵料矛盾时，互相还有促进作用。如鳖在人工投喂饲料的情况下，一般不吃活动能力强的虾，而只吃病弱的虾，而虾可以清理鳖的残饵，起到净化水环境的作用。而养成的虾不但产量高，规格大，质量也比单养好。所以，虾鳖混养具有成本低、效益好的好处。

(2) 池塘改造 虾鳖混养的池塘面积以5亩左右为好，这样不但易管理也好捕捞。池深1.2～1.5米，水深1米，池塘坡比为1∶(3～4)。为防鳖逃跑，埂上可用铁皮或水泥瓦设防逃墙，防逃墙要求埋入地下20厘米，地上高30厘米。池边坐北朝南处设几块水泥瓦为饲料台，饲料台顺池边一半于水中，一半在水上。

(3) 清塘消毒 除新池塘外，旧池塘必须彻底排干池水，并清出高于15厘米的淤泥，然后用生石灰每亩100千克干法消毒(如是盐碱土壤的可用二氧化氯)。清塘后3天注水至80厘米，注水时进水口应用80目筛绢网栅滤水，以免敌害生物进入虾池。

(4) 投放螺蛳 为了补充鳖的生物饵料，应在虾鳖放养前亩投放鲜活螺蛳100～150千克，任其繁殖生长。

(5) 鳖种放养 放养密度按当年养成法计算，所以放养的规格应不小于250克，这样到秋季停食时就可养成500克以上的优质商品鳖上市。放养密度为每亩150～200只。放养时间，华东、华中地区一般在5月中旬至6月初，华南地区在5月初。放养时池塘水温要求在25℃以上，并有连续的晴好天气。放养的鳖种要求规格整齐，无病无伤，体形完整。放养前鳖体可用3%浓度的盐水浸泡5分钟消毒。

(6) 虾种放养 放养的虾种最好是当地自产自育的青虾，虾种规格要求1.5厘米以上，放养数量为每亩6万尾。放养时间在7月上旬，虾种放养后池水可加高至1米。

(7) 日常管理

①投饵：虾按常规投饵量投喂商品虾饲料，鳖放养后开始可投喂些新鲜小杂鱼、猪肝诱食。1个月后逐渐停喂，以后，则以池中的病弱小虾和繁殖的螺蛳为饵，无需投喂商品配合饲料。

②水质管理：除盐碱土质的池塘外，养殖期应不定期泼洒生石灰调水，泼洒数量为每立方米水体50克。最好使水体始终保持pH在7～8。高温季节要适当换新水，换水量为原池水的1/5。

③每天巡塘：养殖期不管刮风下雨，都须坚持每天巡塘。巡塘主要是观察池中虾、鳖的活动情况；进出水口栏栅的完好情况；水质变化情况和敌害侵袭情况等。巡塘要做好记录，发现问题及时处理。

(8) 捕捞和暂养 虾的捕捞可根据市场和虾的生长规格，采取间捕和集中捕捞相结合。鳖则要等虾捕完后，放干池水清底抓捕。由于鳖的捕捞较集中，如不能一次销完，可暂养在家中的仓库里，暂养前地面铺上30厘米厚的潮湿细沙，把鳖埋于沙中即可。通常在室温15℃时可保存30多天。期间可根据市场行情，逐步挖出洗净上市销售。

129. 南美白对虾塘怎样混养甲鱼?

南美白对虾和甲鱼混养有两种模式：一种是以甲鱼为主套养南美白对虾，养殖时甲鱼投喂虾不喂；一种是以虾为主套养甲鱼，虾喂甲鱼不喂。这两种套养模式和技术，很适合我国沿海地区的海涂土质为沙性、水源水质略有盐度的微咸水池塘中进行。一般内地纯壤土质淡水池塘，还是以河虾与鳖混养较好。

(1) 鳖鱼南美白对虾混养的原理与好处 在以养鳖为主的池塘中，鳖的残饵和粪便极易败坏水环境而影响鳖的质量和产量，特别是养殖期，鳖池中大量产生的浮游动物是池塘的主要耗氧因子，所以在鳖池中套养南美白对虾，可有效地清理鳖的残饵，而套养以食浮游动物为主的鳙，则能改善水体质量。所以，鳖池中套养南美白对虾和鱼，有提高池塘利用率，节约饲料，改善水生环境，提高产品质量和产量的诸多好处。

通过几年的试验和推广，池塘中混养鳖、鱼、南美白对虾，亩经济效益比单养提高 2 000 元以上。

（2）基本条件 单池面积 5～6 亩，平均池深 1.5 米，水深 1.2 米，池坡要求 1∶4。水源水质应符合 GB 11607 的标准。池塘土质为沙壤。注、排水方便，池坡离水面 10 厘米处设饲料台。每 5 亩设 1 台水车式增氧机，池的四周用水泥瓦设防逃墙。

（3）清塘消毒 池塘用二氧化氯按产品说明常规清塘消毒，2 天后注水到标准水位后待放养。

（4）放养鳖、鱼、白对虾的模式与数量 亩放养鳖、鱼、白对虾数量和搭配情况见表 19。

（5）放养 放养应先放虾，后放鳖和鱼。

①虾苗放养前试水：虾苗在放养前应先试水，方法是把要准备放养虾的池水舀来一盆，把虾苗放到盆里 24 小时，如不出现异常，就可放虾苗。

表 19 鳖、鱼、虾亩放养数量与搭配明细

放养模式	放养品种	放养规格（克/只、尾）	放养数量（只、尾）
以鳖为主的混养模式	鳖	350	600
	鳙	200	50
	白对虾		30 000
以虾为主的混养模式	白对虾		80 000
	鳙	200	50
	鳖	350	50

②放养：一般在 5 月初先放虾苗，半个月后再放养鱼种和鳖种。放养前鳖种用 3%的盐水浸泡 5 分钟进行整体消毒，鱼用

0.2%的盐水浸泡5分钟进行鱼体消毒，虾苗则直接放养。

(6) 投喂 甲鱼投喂按“四定”原则。定质：可用市售的商品配合饲料；定量：可按鳖放养重量的3%的比例给予，并按当餐的吃食情况，以5%的幅度调整下餐的投喂量；定时：每天喂2次，6：00和17：00；定位：把饲料制成软颗粒投喂到饲料台上。

放养后白对虾投喂虾饲料20天，20天后停喂；鳙不投喂。

(7) 水生态管理 pH低时应用生石灰调节，浓度为30克/米^3（生石灰的作用一是澄清水质；二是增加水体钙离子；三是调节pH）。高温季节应适当开增氧机。

(8) 巡塘 巡塘要求每天早晚各1次，巡塘观察的项目有甲鱼的吃食情况，水质变化情况，池塘设施完好情况，捞除病死鳖。巡塘应做好巡塘记录，如发现问题应及时处理。

(9) 捕捞 到10月中旬，鳖、鱼、虾基本停食。鳙于9月底开始捕捞，在国庆节上市；南美白对虾于10月初开始捕捞，到15日基本结束，捕捞采用地笼捕虾网；鳖于11月初开始陆续捕捞上市。

130. 养河蚌的池塘也能套养甲鱼吗？

养河蚌的池塘和水域不但能套养甲鱼，而且能产生很高的经济效益。

(1) 蚌鱼池养鳖的原理与好处 鱼、蚌、鳖混养，是在正常养蚌的基础上混养鱼和鳖的一种混养模式。我国江南地区池塘养蚌育珠的规模很大，但过去养殖大多较单一，后试验在已养蚌的池塘中套养鱼和鳖后，结果不但不影响养蚌育珠，还养成了优质的鱼和鳖，特别是鳖的质量明显优于集约化养成的质量。取得了高于单养蚌几倍的经济效益，所以很值得在养蚌育珠地区推广。

(2) 放养前准备 由于养蚌的周期较长（一般在3年以上），

所以套养鳖不一定非等蚌收获后，再彻底清塘注水放养，只要把池塘的条件按养鳖要求略加修整后，即便已养上蚌和鱼也能放养鳖。

①设好防逃墙：与其他混养模式一样，养鳖需有防逃措施。设防逃墙可用铁皮或水泥瓦，设在离池边50厘米处，防逃墙要求埋入地下20厘米，地上高30厘米。

②搭好晒背台：由于养蚌池一般都较大，而且水深坡陡，所以鳖在池中几乎无处栖息，故需搭建晒背台，一般要求每2亩搭建1个10米^{2}左右的晒台。

③投放螺蛳：由于在养蚌池中套鳖养殖的时间较长，所以，混养鳖采用稀放不投饵的模式。因此，需在池中投放些繁殖力较强的螺蛳，以便鳖采食。

（3）鳖种放养

①放养规格与密度：根据养蚌周期较长的特点，放养的鳖种个体规格以100克左右为好，这样3年后起捕的个体规格可达600克以上。而放养密度因采用的是不投饵的模式，所以每亩放养鳖150只。

②放养：蚌池放养鳖种的时间最好在6月中旬，鱼种的放养时间在4月中旬。放养时鳖体应用3%浓度的盐水浸泡10分钟消毒，消毒后轻轻倒在池边，任其自行爬入池中。

（4）日常管理

①投饵：鳖种放养后因不能马上在池中得到食物，所以放养后头15天应在晒背台上投喂些鲜活饵料，如小杂鱼、猪肝和蚌肉块等，以增强鳖的体质和摄食能力，以免放养后因得不到食物而降低体质，引发疾病。

②巡塘观察：养殖期不管刮风下雨，都需坚持每天早晚巡塘。巡塘主要是观察池中鳖的活动情况，进、出水口栏栅的完好情况，水质变化情况和敌害侵袭情况等。巡塘要做好记录，发现问题及时处理。

（5）捕捞 鳖的捕捞要等蚌和鱼起捕后，再组织人员排干池水，清底抓捕。

131. 怎样进行稻田养鳖？

（1）稻田养鳖的原理与作用 稻田养鳖是利用稻田有效水面，在不影响种稻的基础上养鳖。在种养过程中，稻能吸收田中的肥料净化水环境，利于养鳖，鳖的活动能清除田里的杂草和惊跑老鼠等敌害。同时，排出的粪便可肥田，互相起到预防病害、促进生长、提高经济效益的作用。

（2）稻田养鳖的基本条件 稻田用水应是无污染、无公害的江河湖库水。稻田注、排水方便，水源充足，最好是种单季稻的田块。

（3）稻田养鳖的基本设施

①防逃设施：防逃最好用石棉瓦横放围栏于养鳖稻田四周的田埂内，并要求扎实牢固。此外，还应设好进出水口的栏栅，栏栅既要考虑农田注排水，又要考虑甲鱼防逃。所以，进、出水口最好用木制闸门框带铁栅网，网目以不超过5厘米为宜，而闸门上可做一个溢水口，以便下大雨超过标准水位时溢水。

②挖好鳖沟：挖鳖沟是为了鳖能在农田施肥撒药时作躲避的场所，也是干田时躲避万一出现敌害的场所。挖鳖沟一般在离田埂2米的稻田中，根据稻田大小不同，鳖沟可挖成十字、田字、口字、日字和井字形，鳖沟深40厘米、宽50厘米就可。挖鳖沟最好是在稻苗返青直立后进行。

③设饲料台和晒背台：饲料台设在沟两头的边上。饲料台可用水泥瓦，其既是饲料台也是晒背台，放时可顺沟坡斜放，底部最好用木桩固定。

（4）鳖种放养 稻田养鳖的鳖种，除了无病无伤身体健康，规格要求每只不小于350克，这样经过几个月的稻田饲养，才能长成500克以上的商品鳖。鳖种在放养时要求用3%的盐水消毒5分钟，放时应把鳖种放在鳖沟里任其游走。同时，马上在饲料板上投喂人工饲料，让鳖尽快找到投饵点，并形成到投饵点吃食的习惯。不可随便放养，放养时间最好是秧苗返青竖直后，因太早鳖种易爬坏秧苗。放养密度如投喂亩放200只，不投喂35只为宜。

(5) 饲养管理

①投饵：稻田养鳖的投饵每天2次，一般为9：00和16：00。饲料可购买厂家生产的成鳖配合料，也可根据当地的饲料资源自己配制团状料。特别是有鲜活性动物饲料资源的地方，如小杂鱼、畜禽的新鲜无腐变内脏等，养殖效果也不错。但喂时应切成小块或打成肉糜，与面和成团状投喂，切不可整个投喂。投饵以鳖吃饱吃好，并根据吃食情况与气候变化情况灵活增减。一些人担心鳖会捕捉田里的青蛙，对水稻防虫害带来不利，其实这种担心是多余的。因青蛙在田里本身的活动和反应比鳖灵敏，除了病伤的，鳖很难抓到青蛙，另外由于人工投饵，鳖在有食物保障的情况下也很少会去主动捕食活动能力比它强的水生动物。相反，田里的一些虫和虫卵及螺杂鱼等，倒是鳖捕捉的好饲料，也会给种稻带来好处。

②巡田：在稻田中养鳖，巡田很重要。因在养殖过程中会有大型的鼠、蛇和一些野猫等敌害侵袭，它们不但直接危害鳖的生命，也在钻洞挖穴后给鳖防逃带来不利。所以在巡田时，必须十分认真检查进、出水口和拦墙，如发现敌害和洞穴，应马上清除和修复。另外，打药施肥是稻田的常规管理，但如不注意，也会给鳖带来毒害。所以在打药施肥前，应先到稻田走一趟，把鳖赶到鳖沟的水里，然后再打药施肥。而打药施肥时，也应注意尽量别把药喷洒到水沟里，以免鳖中毒死亡。巡田还应注意稻田水位的变化，特别是下雨天，应加强夜间巡查，如发现拦墙倾斜倒

塌，就应及时修固好，闸门框拦网粘贴的杂物也应及时清出，以免堵死网眼影响溢水，对田埂破损的地方也应及时修复，以防塌墙逃鳖。

(6) 捕捞和暂养 捕捞时间通常在水稻收割前后，当然最好是看市场情况，诱捕够规格的及时上市，诱捕可用倒须笼，如第二天有人要买鳖，当天晚上就可把诱捕笼放在饲料台边的鳖沟里。如不上市就不要放笼，否则会造成进鳖后因不取出，不能正常活动和觅食而染病死亡。最后是放干水清底捕捞，但也不能完全捕出。所以即使清底后，也不应把防逃墙拆除，等捕捉到与放养数量成活率基本接近时再放弃。为了方便捕捞，一些地方利用鳖喜钻沙底的习性，在鳖沟底部先铺上水泥板，然后在板上铺上20厘米左右厚的细沙，等捕捞放水时，大多数鳖都会钻到沙层中，这样就方便了捕捞，但相对增加了设施和成本。有些地方稻田需在秋季翻耕，而抓出的鳖一时又销不出，此时最好在自家小院或室内用砖砌一小型暂养池，池中铺上30厘米厚的潮沙，如果温度不超过15℃，每平方米放30只，可暂养1个月左右。

132. 茭白田怎样养甲鱼？

(1) 茭白田套养甲鱼的原理和好处 茭白田属中低水位面积较大的水生植物种植水域，具有水质清新、水生动植物种类和数量丰富的生态特点（如有鱼、螺、蚯蚓和各种水草），是杂食性爬行类经济动物养殖、捕捞的理想场所。而甲鱼是高档的杂食动物，喜欢生长在环境安静、水质优良、水生动植物种类和数量丰富的水生环境中。茭白田中套养甲鱼，不但给甲鱼提供了理想的生长环境，也给茭白田起到了除草、驱害、松土施肥的作用。在同一生态环境中，利用水生动植物各自的生态生物学特性，在人工技术的科学应用中互相促进。如浙江杭州余杭和宁波余姚用茭白田套养甲鱼，亩收入比单种茭白增收1 000元左右。

（2）茭田改造 茭白田养鳖，需做好以下三项改造工作：一是做好防逃设施，防逃设施可用水泥瓦、薄铝板或竹箔，防逃设施要求高出田埂30厘米，田底下20厘米，防逃设施应设在埂内，以防敌害掏洞；二是挖好鳖沟，茭田挖鳖沟较简单，一般横排每15株茭白丛挖一深30厘米、宽50厘米的鳖沟即可；三是搭好饲料台，有条件的地方需投饵，还应在鳖沟的两头各设一个用水泥瓦或木板做的饲料台（图25）。

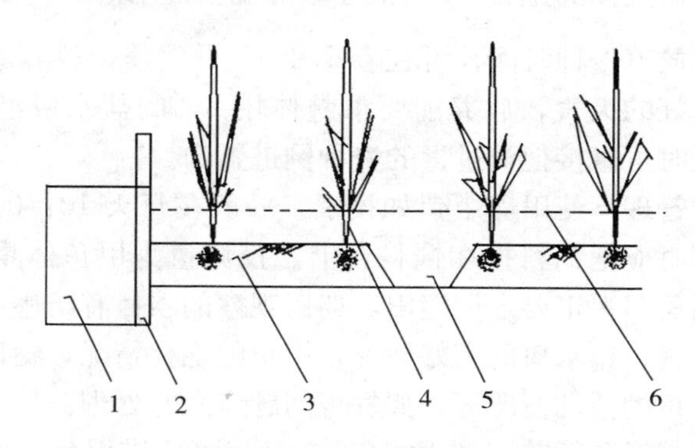

图25 茭白田改造示意图

1. 田埂 2. 防逃墙 3. 田泥 4. 茭白 5. 鳖沟 6. 水线

（3）鳖种放养 因一般茭田养鳖采用春放秋捕的模式，所以放养的规格要求每只在350克以上，这样到秋天可长到750克以上，作为精品上市销售。但茭白田养鳖的放养密度，要看茭田中自然饵料的多寡和放养后是否投喂而定，为了方便参考，现把具体放养密度制订如下（表20）。

表20 茭白田不同规格甲鱼放养密度表

茭白田自然饵料状况	人工投喂	放养规格（克/只）	放养密度（只/亩）
自然饵料较多	不投喂	400以上	50
自然饵料较少	不投喂	400以上	20

（续）

茭白田自然饵料状况	人工投喂	放养规格（克/只）	放养密度（只/亩）
自然饵料较少	投喂活饵	350 以上	100
自然饵料极少	不投喂	400 以上	20
自然饵料极少	投喂活饵	350 以上	100
自然饵料极少	投喂配合料	400 以上	150

注：活饵是指鲜活的鱼和一些动物内脏等，喂前应切成小块。

茭田放养鳖种时间，可在春季 4～5 月放养，放养时最好选择连续晴好的天气，放养前要求鳖体用 2%的盐水浸泡消毒 10 分钟。放时可直接把消过毒的鳖种倒进鳖沟。

(4) 管理 茭田养甲鱼如投喂，一般在每天 10：00 投喂一次。投饵时应把饲料投在饲料台上，投饵量为甲鱼体重的 2%。养甲鱼的茭田一定要定期巡田，巡田观察的项目有防逃设施的完好情况，进、排水口的完好情况，甲鱼的吃食情况，茭田的水位变化和甲鱼的活动情况等，如发现问题应及时处理。

(5) 捕捞和暂养 到下半年 11 月就可捕捞甲鱼，捕捞前可先把茭田的水位降低到鳖沟里只剩一半的水，此时因茭田已干，甲鱼会集中到鳖沟中，人可在沟里摸抓就可。因一次很难捕净，所以防逃设施不可先拆除。捕起的甲鱼如一次销售不完，可运到家里暂养。暂养可选安静无异味的阴暗仓库里，暂养前先把仓库的地面打扫干净，然后铺上 30 厘米厚略潮的细沙子，再把甲鱼埋在沙里即可。室温如不超过 15℃，可暂养 30 天左右，销售时可根据客户的需要数量随时挖出，十分方便。

133. 藕塘怎样养甲鱼?

藕田不但环境好、水质好，还有一些水生生物可作为甲鱼的饲料。利用藕田养甲鱼，既可提高藕田的利用率，还可养殖质优价高的甲鱼产品，增加藕田的经济效益，有条件的地方不妨一试。

（1）搞好防逃设施和晒背台 藕田养甲鱼一般不挖鳖沟，但应做好藕田四周的防逃设施，防逃设施可用石棉瓦横放或用竹箔围拦于藕田四周的田埂内，围拦一定要扎实牢固。为了使田里的甲鱼能晒背，应在田中设几个晒背台。晒背台可用木板搭成斜坡状，要求坡度为1∶5，并高出荷叶20厘米。一般每亩应设面积为5米^{2}的晒背台2个。

（2）鳖种放养 藕田养甲鱼放养的鳖种，个体规格应不小于400克，这样到秋季可长到750克以上的大甲鱼。藕田鳖种放养应分是否投饵，如投喂，可亩放养100只以上；如不投喂，一般亩放养不超过30只。藕田放养的甲鱼品种，最好是适应性较强的本地中华鳖。放养前应用2%浓度的盐水浸泡5分钟消毒，放养最好选连续晴好天气的中午进行。

（3）藕田养甲鱼的管理

①投喂：大多数藕田养甲鱼都采用投喂的方式。投喂的饲料大多是本地资源较丰富的杂鱼、螺、蚌肉和屠宰场的下脚料等。投喂应注意以下几点：一是饵料一定要新鲜，不能投喂腐败变质的饵料；二是投喂前一定要切成甲鱼适口的小块；三是应在水上设饲料台定点投喂，不要投到水中；四是投喂后2小时应及时清除剩饵，以免剩饵引来蛇、鼠等敌害。投喂量应根据天气和前餐的吃食情况，以5%的比例灵活增减。

②圈叶：藕田里藕叶满后，田里就很少有阳光，这样不利于甲鱼的晒背和提高水温。所以，当田水空间完全被藕叶遮住后，应当用绳子把藕叶分几块圈住，特别是在晒背台周围。有的地方用绳子把藕叶拦在两边，使田中露出几条见光的水带，效果也很好。

③巡田：藕田养了甲鱼，就应加强巡田。巡田的目的是了解防逃设施的完好情况和防盗，及田中有无敌害，特别是下大雨和

连雨天气，更应密切注意藕田水位。因在高温季节里，甲鱼在雨天特别敏感，此时，如藕田水位过高或有可逃逸的洞穴和溃口，甲鱼会集群逃跑。所以，一旦发现应及时处理。

(4) 捕捞 藕田中捕甲鱼可同挖藕同时进行，因挖藕不是一次性挖完，所以在已挖过和未挖的交界处应用东西拦好，否则甲鱼会来回爬动而增加捕捞难度。捕捞后如一时销不完，可用上述方法在家中暂养。

134. 庭院养甲鱼有几种方式？

一般只要满足甲鱼生长的基本条件，我国广大城乡居民都可利用房前屋后、地头园旁，甚至楼顶阳台的空地改造养甲鱼。

(1) 基本条件的设置 甲鱼是爬行类变温动物，它不同于一般鱼类完全生活在水中。甲鱼的生态要求水质无害清爽，环境稳定。养殖池要求既有水又有供晒背需要的向阳旱坡或沙丘。所以，建造时不管面积多少，池深要求 80 厘米、水深为 60 厘米，池墙可用砖砌好后水泥抹面，以免漏水。墙顶四周要求设 7 字形的防逃墙。池底要求也是水泥打底，并呈 2%的坡度。最低处设一排水口，进水口或管道可根据养殖数量和水源的具体位置灵活设置。晒鳖台可用木架、竹帘、木板或塑料板制成半圆形设在鳖池向阳的中间。台的大小可根据养殖数量自行确定。安装时底部在水中 5 厘米，水上要求不低于 50 厘米。饲料台可用木板呈 30°斜坡置于池墙一头。底部可伸到水下 4 厘米处，便于鳖爬上摄食。池底在放养前，要求铺上颗粒细度为 0.6 厘米的细沙 30 厘米厚。然后，池里注上 60 厘米水等待放养。

(2) 鳖种放养 庭院养甲鱼，最适合搞春放秋捕的模式。放养规格要求 200 克左右。放养时间在每年春季 5 月末或 6 月初室外水温在 20℃以上时，放养密度每平方米为 3～5 只。放养的鳖种要求无病无伤，活动自如的健康鳖种。放养时鳖体用2%盐水浸洗消毒10分钟，放养时要求用光滑的塑料盆装鳖并贴着水面任其爬出，切勿悬空倒鳖，以免落池时互相乱撞产生互伤互咬。

(3) 饲养管理 投喂的饲料可用市售的甲鱼人工配合饲料。要求每天按鳖体重的3%～4%投喂，由于气候影响，吃食会有变化，可视当天吃食情况灵活而定。一般当餐饲料全部吃光时，下餐可增加5%；当餐饲料有剩余时，下餐可减少5%。如阴雨天，可比常规量少投5%；晴好天气可适当增加些。值得提出的是，一些地方用动物内脏和小鱼虾蟹不经加工就直接投喂，这不但养成不好的吃食习惯，也会因营养不全面而影响生长。投喂每天分两次，7：00投全天的40%；18：00投全天的60%。喂前要求把饲料台中的剩饵清出并用抹布擦净，然后把要喂的饵料均匀撒于饲料台上即可。

(4) 疾病预防 做好病害的防治，是提高养殖成活率和商品鳖质量的关键。所以，预防工作应特别引起重视。具体做法除要做好鳖体的下池前消毒外，还应做好以下几点：一是定期投喂防病药饵。防病药物添加剂最好以中草药为主，化学药品为辅，这样不但效果好，而且成本低，副作用少，不易产生抗药性。方法是每月上旬1～5日投喂5天，中、下旬的15～21日投喂7天。结合每10天用每立方米水体2克漂白粉化水泼洒，防病效果也不错。二是管理好水质。一般人工养鳖由于密度高，加之投喂蛋白质含量较高的人工配合饵料，量大排污也多，这样极易污染水质。故当水色发酱色、褐色甚至墨色时，应及时换出。另外，甲鱼喜欢在微碱性水体生活，所以当pH低于7时，可用生石灰化水后全池泼洒，使pH保持在7～8之间。城里居民用自来水养殖时，应注意自来水中漂白粉的浓度，如太高的就不能用，或积雨水掺入调低后再用。工业污染过重的河水不能用来养鳖。三是为了生物调节水质和创造出一个自然环境，水面还可养些漂浮的水草，如水葫芦、大型萍类等，但面积最好不超过总水面的1/4。四是尽量少惊扰。鳖虽与别的动物一样能适应某种稳定节律的干扰，但却最怕突然惊扰，如影子、强震、噪声等。所以除管理需要外，尽量少去观察走动。当发现有病鳖时应及时捞出隔离。如是大鳖发病又没治疗价值可及时处理掉。还需治疗的如果是皮肤病，可用龙胆紫涂抹体表，同时内服相当于防病1倍量的药饵，等完全好后再放回群体池中。

(5) 捕捞 庭院养鳖因其规模小，距离近又很方便，所以其捕捞一般采用现卖现捕，不卖不捕的方式。但冬季应注意防冻保暖，方法是把池水放干，在上面铺上20厘米厚的干稻草就可。平时应经常检查鳖的情况，如发现有敌害应及时清除。

135. 楼顶养甲鱼有哪些要求？

利用楼顶的空闲场地养殖甲鱼，不但可以增加经济收入，一些身体较好的退休老人，还可以通过养鳖丰富退休生活。

(1) 楼顶养鳖的基本条件 搞楼顶养鳖，不是任何一个楼顶都可以的，它必须具备以下几个条件：

①楼顶要牢固：不管什么楼顶，必须十分坚固，最好在楼顶建池前找有关部门进行科学的测算，以免今后在养殖过程中发生事故。

②有充足的水源：因养鳖需要较多的水，所以在搞养殖前，既要考虑水源水量是否可靠稳定，又要考虑用水成本。

③注、排水方便：养鳖离不开水体的交换，所以注、排水设施十分重要。如是住宅楼，应考虑养鳖对居民生活的影响，特别是不能影响居民的日常用水，否则会发生不应有的矛盾而影响养殖。

④上下出入方便：因在养殖过程中，会经常需要与养殖有关的物资，如工具、饲料等，而且人也需每天到现场管理。所

以，上下进出的通道一定要方便，否则就会影响养殖过程中的管理。

⑤气候不能太寒冷：楼顶养鳖，一般要求在冬季也不结冰的气候条件，所以，北方太寒冷的地区不适合搞楼顶养鳖。

（2）鳖池建造 楼顶养鳖的鳖池，一般为砖砌池墙用水泥抹面的结构。并根据楼顶面积的大小和平面的结构不同，可布局为双列式和单列式两种。单池顺长 6 米，横宽 5 米，面积为 30 米^2。池深 50 厘米，水深 40 厘米（图 26、图 27）。

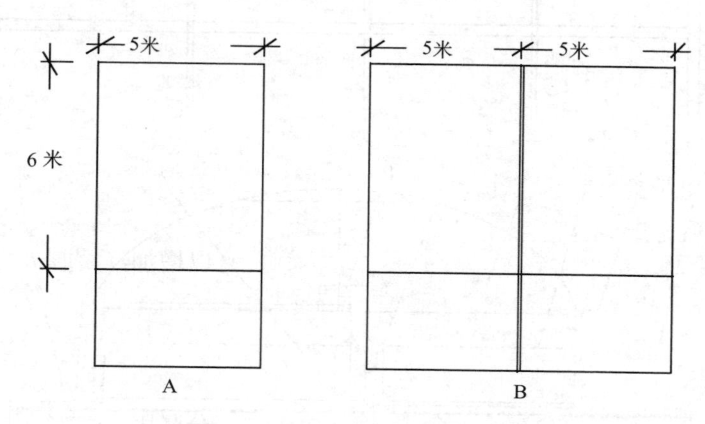

图 26　单列式和双列式平面图

A. 单列式　B. 双列式

（3）放养前准备 楼顶养鳖以养殖周期较短的春放秋捕式较好，放养的鳖种规格以每只不小于 300 克为宜。鳖种在放养前，鳖池彻底洗净，然后用阳光曝晒几天，并设置好池中的饲料台、草栏子和增氧泵等，这些养殖设施设置好后就可注水放养。

（4）鳖种放养 楼顶池的养殖密度为每平方米 4 只，放养前鳖体用 2%的盐水浸泡 5 分钟消毒，放养时把消过毒的鳖种贴着水面倒入水中即可。

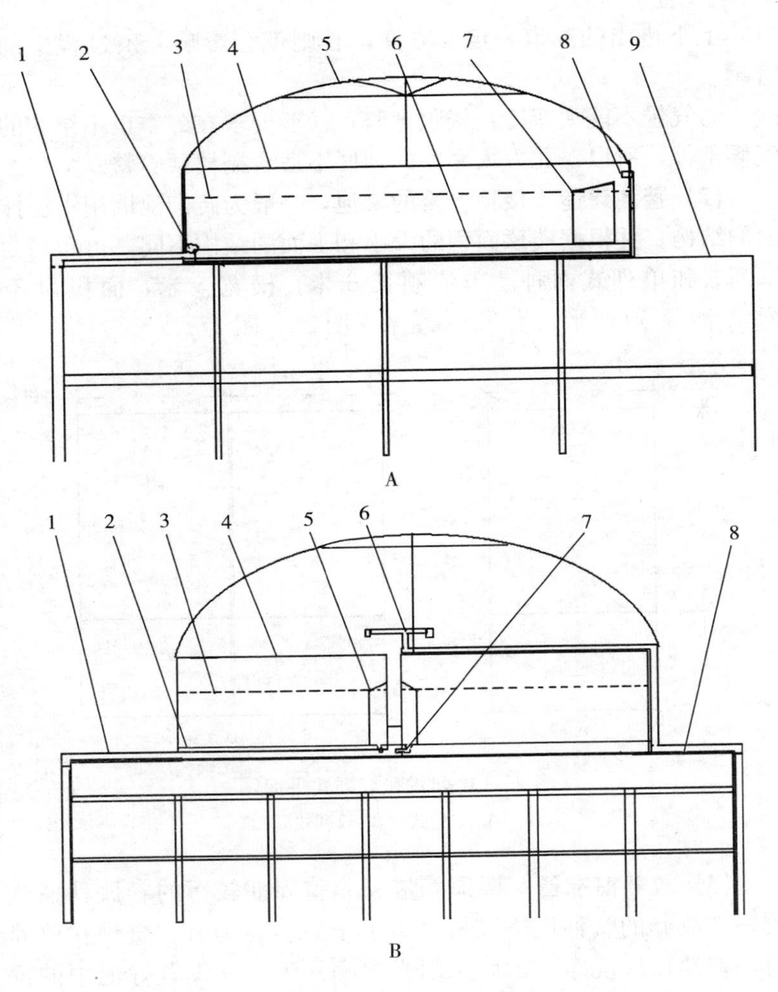

图 27　单列式（A）和双列式（B）断面图

A：1. 排水管　2. 吸污器　3. 水线　4. 池墙　5. 采光棚顶　6. 池底　7. 饲料台　8. 进水管　9. 楼顶

B：1. 排水管　2. 池底　3. 水线　4. 池墙　5. 饲料台　6. 进水管　7. 排水口　8. 楼顶

(5) 管理 养殖期间的管理主要有以下几项：

①投饵：投饵按“四定”的原则。定质：在市售的成鳖饲料中添加10%的鲜活饲料（如鱼、螺、猪肝和一些瓜果菜草等），添加时应把鲜活饲料打成浆后与商品饲料混合投喂；定量：先是以放养鳖体重的2%投喂，几天后可根据当餐的吃食情况，以5%的幅度增减。

②调节水质：楼顶养鳖的水质调节，主要在高温季节，关键措施是养好水草，每隔20天应适当换水，换水量为原池水的1/2。当气温上升到32℃以上时，应在棚上盖上遮阳网。当池水pH低于7时，应以每立方米水体25克的生石灰化水泼洒调节。

(6) 捕捞 楼顶养鳖的捕捞是最简单的，一般可卖多少捕多少，不必怕偷盗，捕完后应把池底冲洗干净后晒干再养。

136. 河道也能养甲鱼吗？

(1) 河道养鳖的好处 河道养鳖，是利用河道流水良好的水环境通过人工拦围圈养甲鱼的新技术。它的好处是不占用土地，不用水电成本，因河道是野生环境，养出的甲鱼售价很高，具有低投入、高产出的特点。

(2) 养鳖河道的必要条件 河道养鳖需具备以下条件：河水无任何工业污染，水流畅通，常年有水，不作航道河运，河堤牢固不塌坡并有3∶1的河坡，水深不低于1米，不超过2米，底质不复杂，环境幽静无机动车辆经过，25℃以上水温不少于100天。

(3) 河道的整改拦网 一是清除底质，除新河道外，旧河道应排干河水，清除河底的一切碎石枝干，以免鳖钻底时擦伤鳖体，有条件的最好清一下河底淤泥。二是拦网，根据需要面积拦网，拦网分为三层：第一层为拦杂网，一般可用竹箔栅栏式，这层网要求特别牢固，网目或栅目通常在3～5厘米，一般这层网设在河道两头的最外面，目的是为了拦截树枝杂草等杂物。拦时除网和箔，要用粗壮的竹、木桩固定。网高以超出洪水期最高水位30厘米。第二层网为防逃网，一般用3×6粗的聚乙烯网。网目2～3厘米就可，拦时也可用木桩或竹桩固定，要求距第一层网2米处。第三层网为间隔网，可用于3×4的聚乙烯网，网目为1厘米为好，也用木桩固定。网高要求高出水面30厘米。上述网在设置时，网底可用大石块或大铁杆垂底拦严，网段间隔距离为10～20米。三是河岸坡的防逃设施，河岸坡根据水位的涨落资料，可用石棉瓦横放，也可用竹帘，主要目的是为了防逃和防盗，拦时要求坚实牢固。四是搭建饲料台与晒背台，饲料台可用水泥瓦放置在河沿坡上，一般离水面5厘米，不能放到水里，以免杂鱼争食。食台一般如是10米的间隔段，就放2块水泥瓦；如是20米的间隔段，就放3块水泥瓦。食台上应用油毡设一挡雨棚，以免风雨浇坏饲料。饲料台一般搭在河沿坡的中间，两头则设晒背台，晒背台用木板依坡铺上就可。但要注意的是，饲料台和晒背台都应设在向阳背风的一面，饲料台的上下位置，可按水位涨落灵活调整。

(4) 鳖种放养 河道养成鳖的鳖种，要求无病无伤，规格整齐并在350克以上，最好是室外生态培养的优质鳖种。放养密度可以根据河道的情况，一般以每平方米2只为宜。放养前要求用3%的盐水浸泡5分钟，放养时可把鳖种放在饲料台上，让鳖自行爬入水中，放养后就马上在饲料台上放些配合饲料和动物性饲料各半的饲料团以诱食。

(5) 饲养管理

①加强投饵：由于河道中有些天然饲料可作补充，所以投饵在“四定”的基础上，每天可分3次投放饲料：第一次5：00，第二次11：00，第三次20：00。为了提防敌害偷食，投喂的饲料就制成团状，每次投放的饲料量，以前餐吃食的情况以5%的

幅度增减。

②加强巡塘：河道养殖水质好又流通，一般不存在水质败坏的现象，只要放养的鳖种质量好，大多不会发生疾病，但防逃、防盗、防敌害是河道养鳖的关键。巡塘时发现蛇洞、鼠洞及时清除和堵塞，所以要求多巡塘。巡塘时间一般可在投喂前，时间为5：00、9：00和18：00。巡塘时发现栅栏、拦网有破损应马上修补好。还应及时捞取各道拦网、栅栏上的杂物，以利水流通，减轻拦网的阻水压力。有条件的地方，可在河道旁搭一较高的管理房，以便观察河道的养鳖情况。为防人偷，也可养只灵活的狼狗帮着看管。

（6）捕捞 河道捕捞较麻烦，一般要求放干河道清底。捕捞时间一般定在农田不用水的枯水期。捞出的鳖一时销不出去，可在河道中设一网箱暂养。捕捞除了清底，也有用倒须笼诱捕，效果也不错。

137. 哪些水库适合直接养甲鱼？

一般面积不超过5 000亩、水深不超过4米的平原水库都可以直接养鳖，因为通常这样的水库具有清库的条件，如浙江沿海的许多地方就有这样的海涂平原水库。这些水库养的甲鱼因为平时靠水库中的自然饵料生长，所以质量很好，在市场上出售几乎是野生甲鱼的价格，经济效益十分可观。平原水库养甲鱼的具体措施有以下几条：

（1）放养大规格鳖种，一般平均每只个体规格不小于250克，尤其是第一次放养，而且尽量要求规格整齐，品种最好是本地的土著品种。

（2）放养时间要选在春季，这样经过一年的养殖，甲鱼的体格健壮，利于甲鱼在水库中过冬。

（3）放养密度为每亩50只，一般6年后基本不用再放养鳖种。

(4) 应在水库向阳背风的库岸边搭建产卵场，以利长大成熟的甲鱼产卵。产卵场要和人工养殖的要求一样，要有防风雨和野害的棚。

(5) 捕捞可采用在库边风浪较缓的地方下地笼的方式，捕大放小。

水库直接放养甲鱼一般不投喂，平时主要是看管。一般销量好的每年可适当补放些。

138. 怎样进行网箱养鳖？

网箱养鳖是利用有一定深度和面积的无害水域，用网箱笼养的生态养鳖新技术。我国可利用网箱养鳖的水域很多，如大池塘、水库、湖泊的湾汊和水流较缓的河道等。网箱养鳖不但成活高，质量好，销路好，养殖成本也较其他养殖方式低，是我国今后发展健康养鳖的一条新路子。

(1) 网箱养鳖的基本条件 ①水质无污染；②水深在 2 米以上；③没有太大的风浪侵袭；④周边环境惊扰少；⑤无过多的敌害生物；⑥交通便利；⑦水温 25℃以上的时间超过 100 天。

(2) 网箱设置

①围拦网栅的设置：除池塘处，其他水域用网箱养鳖，需先设围拦网，即在养鳖网箱的外周围栏一圈拦网，面积可根据实际养殖网箱面积的 150%而定。设围拦网的目的是为了挡住杂物和一些敌害，也是为了挡住风浪，便于管理。围拦网的材料可用木杆、竹子、铁丝网片，或用粗线的聚乙烯网等，不管用何种材料，只要求牢固，长久，水流畅通，故要求（栅）网目不小于 5 厘米。

②养殖网箱的设置：养殖网箱可用聚乙烯无节网片根据要求

缝制而成，要求网目大 0.5 厘米，单箱面积 20 米^2，网高 1.5 米。其中，水下 80 厘米，水上 70 厘米。箱长 5 米，宽 4 米。网箱在水面呈品字形交叉布置，箱距 3 米，行距 5 米。布置时先量好布置网箱的水面积，然后在量好的面积四角各打 1 根大木桩（也可用钢筋水泥柱），作主要固箱桩，再把制好的网箱从底到口按布置高度用绳固定在桩上。网箱布好后在固定桩内每 1 米打 1 根间桩，在桩的上口绑一圈木杆为上围杆。为牢固，在贴水面处的桩上也绑一圈小杆为下围杆，把网片用绳固定在上围杆和下围杆上就可。

(3) 其他设施布置　其他设施主要是食台与晒背台，食台可用水泥瓦，也可用质地较好的木板。设置方法是在网箱里宽向绑 2 根木杆，间距 0.5 米，然后把饲料台（板）架在木杆上就可。但要求食台在水下离水面 3 厘米，晒背台可设在中间，做法和常规晒背台一样，但面积不超过单箱面积 1/5。此外，较大的网箱，还可在食台的另一头拦个草栏养水葫芦，以净化水质，但面积以不超过单箱面积的 1/10 为宜，上述设施布好后就盖上顶网准备放养。

(4) 种苗放养

①放养密度：如是在大池塘中用小网箱暂养鳖苗，时间不超过 2 个月的，放养密度为每平方米 50 只。如是在湖、库湾设网箱组养成鳖的，以每平方米不超过 8 只为宜。

②种苗质量：由于网箱养鳖是在自然环境中养殖，受气候与水环境变化的影响较大，所以放养的种苗质量一定要好，不但要求无病无伤，还应规格整齐，品种最好是能适应当地气候条件的中华鳖。其中，养成鳖最好为 250 克以上的优质鳖种。

③放养：放养的如是 3～4 克的鳖苗，放养前可用市售 1% 的龙胆紫，以 1∶50 的水溶液浸泡 2～3 分钟进行鳖体消毒；如是 250 克左右的鳖种，可用 0.01%浓度的高锰酸钾水溶液浸泡 2 分钟。放养时，可用浸泡的盆连药水一起在箱上贴着水面放

就可。

④开食：放养后应马上在饲料台上撒上直径与放养种苗相一致的配合颗粒料，使鳖尽快养成到食台吃食的习惯。

(5) 管理

①投饵：投饵基本按四定原则。定质，除了市售的商品饲料外，稚鳖应添加0.5%的熟鸡蛋黄或新鲜水藻，十几天后再全用市售商品料，成鳖添加2%的鱼油和5%的新鲜菜汁；定量，应控制在1小时内吃光为标准，以免引来过多的小杂鱼；定时，每天喂3～4餐，时间可根据当时的具体天气而定；定点则在设好的饲料台上。

②洗刷网箱：由于排泄物与生物的黏结，网箱的网眼会逐步糊死，这样会影响水体的流通，对箱内的水环境带来不利。所以，不定期地洗刷网箱十分重要。洗刷方法有抖网，甩动网底，也可用硫酸铜呈箱内水1毫克/升浓度泼洒，杀死附在网片上的藻类生物。

③巡塘：巡塘分早、中、晚三次，一般都在投喂前巡塘，观测项目有检查网箱完好情况，有无敌害进入，鳖的活动情况，吃食情况，箱内水质的变化情况等，并做好巡塘记录，发现问题及时处理。

④病害防治：为防病，平时可在饲料中添加些中草药粉，如双花、仙鹤草、大青叶、败酱草等。添加的药粉要求与饲料一样细（80目筛），添加量为投喂干饲料量的1%～1.5%，每天投喂10～12天。在池中也可不定期泼洒些消毒剂如二氧化氯等，按说明浓度使用。发现疾病后，应及时请有关专家确诊后对症治疗，切忌盲目乱用药，滥用药。

(6) 捕捞 网箱养鳖的捕捞，如是间捕，可用捞海，如是彻底清箱，可先把箱中的食台、晒背台与草栏拆掉，然后解开固定箱身的绳子，托起箱底打开盖网的一角，把鳖倒至网袋中就可。

139. 怎样进行大湖围网养鳖?

大湖围网养鳖，是利用浅水湖泊拦网养鳖的一种新型模式。这种模式养成的甲鱼，不但质量好成本也低，经济效益也很高。现把具体条件和做法介绍如下；

（1）基本条件 要求湖面面积在千亩以上，围网处水深不超过 2 米，围网处风浪不大。

（2）围网 围网分两道，第一道为外围安全网，一般网目可在 3～5 厘米，网线粗直径 1.5 厘米，固定网可用钢筋水泥桩，要求桩粗直径 20 厘米。打桩深度看湖底地质情况，一般要求牢固为主，桩距 1.5 米。第二道为养殖围网，网目 2 厘米，网线粗直径 1 厘米，单个围网面积 3～5 亩。也可根据具体湖面自行规划，一般为长方形，围网也用水泥桩固定，桩距 2 米。无论是第一道还是第二道，都要求把网埋到湖底泥层下 50 厘米，埋到泥里的网头要求用木棍卷缠好，这样不会脱开。围网露出水面部分要求高度不低于 100 厘米，并要求网要向里倾斜 30°（图 28 至图 30）。

（3）鳖种放养 大湖围网养鳖放养的规格一般要求 400 克以上，这样的规格适应性强、成活率高，养到翌年都能长到 1 千克以上的大规格。放养一般在 6 月中下旬，放养时鳖体可用市售的碘制剂消毒药按说明要求浸泡消毒，由于围网透水性比较好，所以放养密度可比土质池塘养鳖高些，每亩放养 1 000 只。

（4）管理 主要是投喂，一般投喂湖中的杂鱼或螺丝，也可投喂膨化浮性饲料，一般为日喂 2 次，投饵率为 3%。还有要做好巡湖工作，一般要求每天早晚各巡湖 2 次，特别要注意围网的安全和变化。

（5）捕捞 围网养鳖的捕捞可采用拉网捕捞，只要多拉几次就所剩无几。

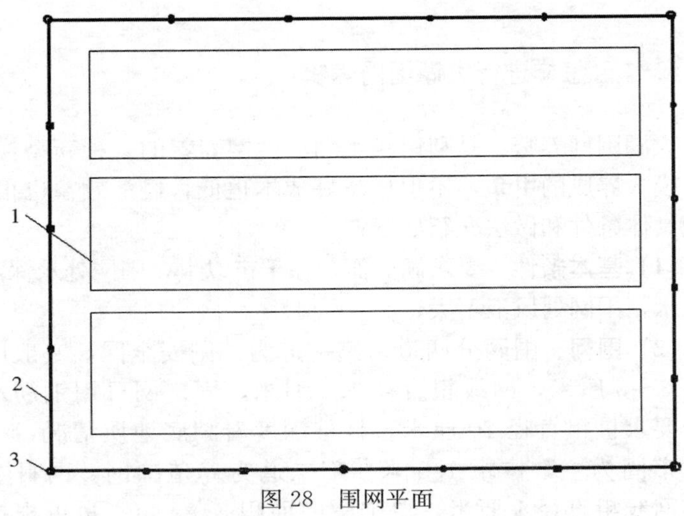

图 28　围网平面

1. 养殖围网　2. 安全外层围网　3. 网柱

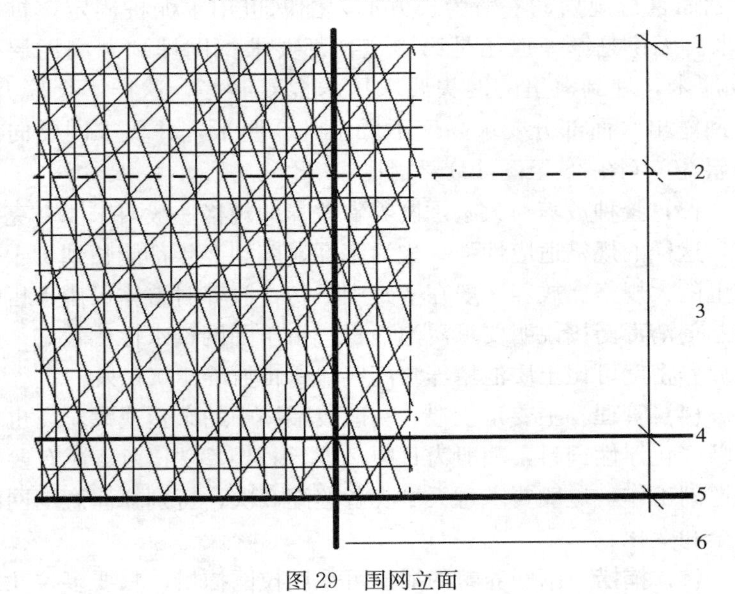

图 29　围网立面

1. 水面上围网顶　2. 水线　3. 水中　4. 湖底　5. 网底　6. 网柱

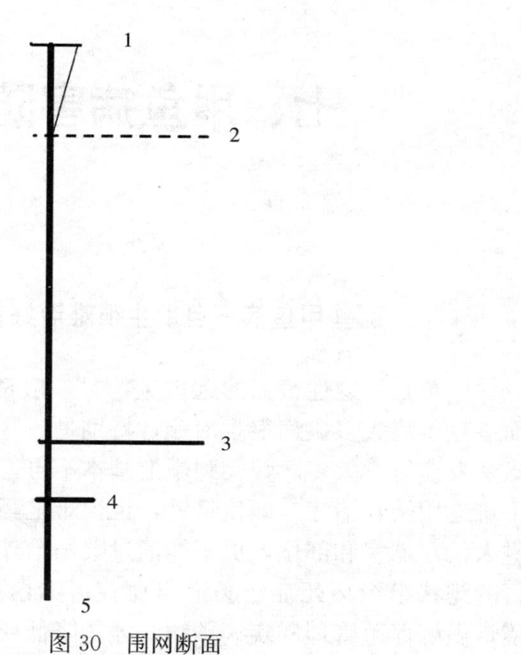

图 30　围网断面

1. 网顶斜度　2. 水线　3. 湖底　4. 网底　5. 桩底

七、甲鱼病害防治

140. 哪些甲鱼病一旦发生很难治好?

甲鱼是抗逆性很强的远古生物，一般情况下是不会得病的。而一旦得病大多疾病很难治疗，特别是一些暴发性疾病。因为一旦暴发流行，大多病鳖爬到岸上基本不再进食和停止活动，所以很难应用药物治疗，即使打针，也很难把药液通过内部血液循环进入治疗器官和部位，更不能通过喂药治疗。如近年来，暴发流行的鳃状组织坏死症、肠道出血症、赤白板病等。搞好养殖环境，做好养殖管理和疾病预防，才是降低死亡的根本。

141. 防治鳖病的用药原则是什么?

鳖是一种高档的药用和美食补品，为了保证产品的安全卫生，在病害防治过程中的用药，一定要坚持以下几条原则：

(1) 快速有效的原则 无论是预防还是治疗都需要用药，但用药的最终目的是为了快速有效果，否则就失去了用药的意义。防治用药要达到有效的目的，就必须对症用药，如鳖苗的白斑病，是因鳖苗体表损伤后感染真菌引发的疾病，所以在预防时除了要避免体表损伤，还应在放养入池前进行体表消毒。选用消毒药就成为是否能达到有效的关键，过去我们大多用 0.002%浓度的高锰酸钾水浸泡 20 分钟消毒，但实践证明，这种方法不但起不到消毒预防作用，反会引发更多的疾病（如白点病）。原因是高锰酸钾是强氧化剂，在浸泡鳖苗时，把鳖苗体表的保护膜侵蚀坏，从而加重了放养后的感染，而有效的药物是用2%的盐水浸泡5分钟，或用碘制剂浸泡，效果都很好。

（2）安全卫生的原则 安全用药是鳖养殖生产中合理用药的首要，但要达到安全的目的，必须做到决不用有害人体健康的易残留药物。一些药物虽然对养殖对象的疗效较好，但它能在动物体内残留或富积，特别是对人体健康有害的药物，如一些染料类药物。而一些喹诺酮类药物对鳖苗阶段的应用更应慎重，以免产生软骨病。所以，凡是国家规定的禁用药物和不利甲鱼健康的药物都不能用。

（3）节约成本的原则 为降低养殖成本，甲鱼用药还应考虑用药成本。一些地方用高价的抗生素治疗甲鱼的常规病，不但造成浪费，还易形成抗药性。如利福平、林可霉素、恩诺沙星、氧氟沙星等原粉，市场价格都较高。特别是用这些药物泼洒治疗时，还易破坏水体应有的生物平衡，给调节水质带来不利。用药还应以一些价格低的常规药或中草药进行科学预防为主，如目前常用的黄柏、黄芩、大黄与甘草、五倍子、蒲公英等。尽量不用或少用高价原粉。

（4）简单易行的原则 一些药物虽然价平效好，但对操作和应用的环境要求很高，给基层的养殖户带来不便。如目前常用的高性能消毒剂二氧化氯，由于其用量要求精确到百万分之零点几，所以在无精确称量仪器的生产现场，养殖者如稍有不慎，就会导致甲鱼中毒死亡，特别是在冬季密封的温室里应用，这种事故常有发生，好在目前已有应用方便的同类产品上市。所以，用药还是应遵循简单易行的原则，在无条件的情况下不盲目应用特殊药物。

（5）现购现用的原则 任何药物的效果都是有时间限制的，不是永久性的，如一些抗菌素和维生素的药效不但有时间性，甚至对保管的环境条件都很严格，否则就会降低药效，甚至无效。

购药时一定要根据自己的应用时间和数量现购现用，而且在购买时应弄清楚药物的有效日期，以免造成过期失效的浪费现象。

142. 哪些药物是国家禁用的?

根据无公害食品 渔用药物使用准则（NY 5071—2002）的规定，以下渔药为禁用渔药：地虫硫磷、六六六、林丹、毒杀芬、滴滴涕、甘汞、硝酸亚汞、醋酸汞、呋喃丹、杀虫脒、双甲脒、氟氯氰菊酯、五氯芬钠、孔雀石绿、锥虫胂胺、酒石酸锑钾、磺胺噻唑、磺胺脒、呋喃西林、呋喃唑酮、呋喃那斯、氯霉素、红霉素、杆菌肽锌、泰乐菌素、环丙沙星、阿伏帕星、喹乙醇、速达肥、己烯雌酚、甲基睾丸酮。

143. 常用的消毒药有哪些?

目前常用的消毒药有以下几种：

(1) 生石灰 又称氧化钙，是淡水养殖中最经济易得、操作方便且效果好的环境消毒药。

【作用与药理】生石灰在鳖病防治中有两种作用：

①直接作用：生石灰在鳖池中遇水变成氢氧化钙。首先是增加温度，使一些病原菌在突然上升的高温中死亡；其次是生石灰分解后能迅速提高池中的pH，当pH提高到11以上时，能破坏病原菌的酶系统，使病原菌的蛋白质凝固，起到直接杀死病原体的作用。通过试验表明，当鳖池pH提高到11以上时，2小时后检测，除鳖以外，几乎所有的生物都被杀死。

②间接作用。生石灰有改善水质，为养殖水体提供营养元素的作用。使水体变肥，促进水中增氧的浮游植物生长。此外，它还有缓冲pH作用，使水体的pH保持稳定，给鳖创造一个适宜生长的良好环境。生石灰在鳖病防治中，既是清塘消毒又是改善

生态环境的良药。

【应用方法】应用生石灰清塘可采取干法。即用生石灰，每平方米0.5～1千克的量打成小细块遍撒，然后放水10～15厘米任其分解，第二天再用铁耙耙一遍，使其充分分解，就可起到消毒的作用。调节水质时，可把生石灰化成石灰水泼洒。用量要视当时鳖池pH情况而定，应注意的是操作时，应做好身体的防护，以免灼伤身体。

（2）三氯异氰尿酸 为白色结晶粉，有很强的氯臭，含有效氯在85%，遇酸或碱易分解，是一种极强的氯化剂和氧化剂。

【作用与药理】三氯异氢尿酸对细菌、病毒、真菌、芽孢和一些虫卵有杀灭作用，是一种高效、广谱、较安全的消毒药物，多应用于养殖场的环境、用具和池塘消毒。

【应用方法】用市售制品0.04%浓度溶液泼洒，用于环境和用具消毒。水体呈5～10毫克/升的浓度，进行带水清塘。用呈池水0.3～0.4毫克/升的浓度全池泼洒，预防室外养殖池塘养殖期的龟鳖疾病。

（3）二氧化氯合剂 无色、无味，是一种强消毒剂。

【作用与药理】二氧化氯的作用机理是，药物释放出新生态氧及亚氯酸根离子，渗透至病原微生物内部，使蛋白质中氨基酸氧化分解，破坏病原微生物的酶系统，从而达到迅速杀灭细菌和病毒的作用。二氧化氯主要用来环境消毒和池塘池水消毒。

【应用方法】由于目前二氧化氯的制品较多，且各种制品的特性有很大差异，使用时要严格按所购产品的说明应用。

（4）氯化钠 也叫食盐，是鱼类常用的体表消毒药。用盐消毒不但成本低，操作方便，易购买，也无太大的副作用。

【作用与药理】盐的杀菌机理是利用高渗透作用，破坏病原体细胞而致病原体死亡。

【应用方法】对鳖体表消毒，一定要严格控制浓度与时间。

通常规格 3～5 克的鳖苗消毒浓度为 1%，200 克左右的鳖种为 2%的浓度，亲鳖为 3%的浓度，消毒时间均为 5 分钟。

(5) 碘伏　碘与表面活性剂的不定型结合物叫碘伏。

【作用与药理】表面活性剂起载体与助溶的作用。碘与表面活性剂结合成碘伏后，改变了溶液的湿润性，并能协助碘伏穿透有机物的能力，乳化脂肪沉淀物，所以碘伏能在有效浓度的时间内杀死细菌、真菌和病毒。

【应用方法】碘伏的应用可在室内环境、水体、用具等进行消毒。碘伏的应用优点是无异味，刺激性小，稳定性好。即使在室温下（25℃）贮存几个月，有效碘的降低也不会太明显，对人和养殖对象的毒性较低，且不会过敏。碘伏的应用一般在室内环境为 1/40 000 浓度的消毒水喷洒，如用于水体消毒，一般每立方米水体 8～10 克，作用 10 分钟就可达到消毒目的。

(6) 高锰酸钾　一种强氧化剂外用消毒药物。其具有抗细菌和真菌的作用，这种药物不但易购买，使用也方便，副作用也较小。

【应用与药理】高锰酸钾主要应用于皮肤或黏膜的消毒，也可用于一些鲜活青饲料的消毒。高锰酸钾外观是暗紫色，具有金属光泽，菱形片状晶体，在干燥不暴露空气时，稳定性能良好，可在室温下长期保存，但它的水溶液如果暴露在空气中则不稳定。因此，应用水溶液时要现配现用。高锰酸钾的杀菌机理和杀菌力是，因它能氧化微生物体内的活性基而致微生物死亡。此外，高锰酸钾还能有效地杀死各种病毒。以 1∶10 000 的比例溶液经过半小时接触，即能破坏病毒的传染性。影响高锰酸钾消毒效果的主要因素为有机物、碘化物和还原剂，后两者可使高锰酸钾失去杀菌能力。在消毒环境中有机物浓度越高，效果越差。此外，温度对高锰酸钾的影响也较明显。一般温度越高，作用越强，反之亦然。

【应用方法】在鳖病防治中，高锰酸钾可作为鳖种、亲鳖体的消毒药。应用浓度为0.01%，使用时间视温度情况1～2分钟之间。

高锰酸钾也可治疗50克以上鳖种的水霉病，使用方法是：先把原池水换成10厘米深的干净水，然后用每立方米水体20克药化好后泼洒，10分钟后把水注到标准水位。也可把病鳖捞出，用同样浓度的药水浸泡10分钟后放回池中。

值得注意的是，高锰酸钾溶液即使是低浓度也不可用来给3～5克规格的鳖苗消毒。因高锰酸钾易氧化破坏鳖苗体表的一层保护膜，从而使鳖苗易染真菌病而引发死亡。

144. 常用的化学药品有哪些？

（1）硫醚沙星 一种可替代孔雀石绿的抗真菌药物。

【作用与药理】对水霉、毛霉等真菌有较好的杀灭作用，对嗜水气单胞菌、爱德华氏菌也有一定的杀灭作用，所以，对鳖的真菌感染性疾病有较好的防治作用。

【应用方法】应用时可按产品说明进行。

（2）硫酸铜（石胆） 一种防治原生动物寄生虫疾病的重金属盐类。

【作用与药理】其杀虫的机理是铜能与蛋白质结合成蛋白盐沉淀。特别是重金属能与一些酶的巯基结合，而巯基是一些酶的活性基团。当它们与重金属离子结合后就会失去活性，从而影响寄生虫的生长繁殖，硫酸铜的杀虫对象主要是单细胞原生动物寄生虫。如寄生在鳖体上的黏孢子虫等，在水体中影响硫酸铜效果的因素很多，但主要有以下几点：一是温度，温度越高，毒性越大；二是pH，越偏碱性，越影响效果；三是有机物的浓度，浓度越大，效果越差，使用时应根据当时的具体情况灵活应用。

【应用方法】浸泡鳖体除虫，用1毫克/升浓度在水温20℃时浸泡3分钟。全池泼洒，水温20℃时，每立方米水体用0.8

克；低于20℃时，每立方米水体用1克；25℃时，每立方米水体用0.6克。

(3) 敌百虫 一种有机磷广谱杀虫剂。

【作用与药理】 90%含量敌百虫为白色晶体，易溶于水，水溶液呈微碱性。敌百虫杀虫的机理是，有机磷的水解产物能抑制虫体神经的胆碱酯酶活性，破坏水解乙酰胆碱的能力，使乙酰胆碱蓄积，导致虫体神经先兴奋后麻痹而死亡。故这种杀虫剂，对无神经结构的单细胞寄生虫几乎不起作用。

【应用方法】 在鳖病防治中，可用来杀死寄生在鳖体上的水蛭、线虫等。但因鳖对敌百虫也较敏感，所以尽量不用泼洒法，只可用来浸泡。浸泡时应在人的监视下进行，一般浸泡为0.5毫克/升浓度的药水，浸泡2分钟，虫体可脱落。

根据国家有关规定，本药物在甲鱼产品上市前28天应停用。

(4) 高铁酸锶 近年来新研制的新型强氧化消毒剂和杀虫药。

【作用与药理】 高铁酸锶杀灭病原体的原理是，其释放出来的初生氧迅速氧化（烧死）细菌、病毒、原虫及低等藻类等微生物，破坏其膜壁及原生质、核质等微生物体内活性基团，从而终止其繁殖及生存。

【应用方法】 主要用来龟鳖池塘水和温室内环境消毒，使用方法可按产品各种剂型的使用说明。

(5) 利巴韦林 抗多种病毒的药物。

【作用与药理】 本品为白色结晶性粉末，无味，溶于水，如流感病毒、疱疹病毒和呼吸道合胞病毒。

【应用方法】 在鳖病防治中，对鳖由病毒引起的感染如白底板病有较好的疗效，特别是与抗病毒的中草药合用，效果更佳。但利巴韦林在应用中只能用来内服，当白底板病发展到停食时也就无用了，因此用来防病效果较好。使用量为干饲料量的0.1%～0.5%，一般预防为3天，治疗为5天。

(6) 吗啉胍 又叫病毒灵。本品对多种RNA病毒和DNA病毒都有抑制作用。在水生动物的病害防治中，可用于由病毒感染引起的出血病。

(7) 利福平 一种抗革兰氏阴性菌的抗菌药物。

【作用与药理】 本品为鲜红或暗红色结晶粉末，无味，遇光易变质，水溶液易氧化而降低效果。利福平对阴性杆菌的杀灭作用强于阳性菌，如与抗阳性菌药物联合使用效果更佳。利福平极易产生抗药性，故不应长期使用，一般使用1次后，最好隔1个月。

【应用方法】 利福平在鳖病防治中，主要用于体表的疾病，如白点病、腐皮病、烂脚病和疖疮病等。可用浸泡法，通常配成15毫克/升浓度的药水浸泡10分钟就可。如用泼洒法，每立方米池水用1克就可。注意在用泼洒法时，应先换去原池1/2的老水后再进行。利福平价格较贵，应少用或不用。

(8) 庆大霉素 由小单孢菌所产生的多成分抗生素。

【作用与药理】 其盐酸为白色粉末，有吸湿性，易溶于水。对温度及酸、碱都稳定。庆大霉素为广谱抗生素，对多种革兰氏阳性菌及阴性菌都具有抗菌作用，适用于各种球菌与杆菌引起的感染。在鳖病防治中，既适合外伤引起感染，也适合化脓性炎症。如同青霉素、四环素类、磺胺类药物合用，常有协同增效作用。

【应用方法】 庆大霉素因性质较稳定，可肌内注射也可内服。应用数量可视鳖的病情程度灵活应用，也可参考市售兽药产品说明应用，但一般每千克体重注射量不超过20万单位。值得注意的是，庆大霉素对肾功能有损害，还极易产生抗药性，不宜长期和反复使用。

(9) 氟苯尼考 也叫氟甲砜霉素，是目前常用的渔业用药。

【作用与药理】 氟苯尼考对多种革兰氏阳性菌和革兰氏阴性菌及支原体等均有作用。其抗菌机理主要是通过与50S核糖体亚基结合，抑制蛋白质合成所需的关键酶——肽酰转移酶，从而特异性地阻止氨酰 tRNA 与核糖体上的受体结合，抑制肽链的延长而使菌体蛋白不能合成，从而起到灭菌作用。

【应用方法】分内服和外泼，具体用法因产品剂量不同，可按市售药品的说明应用。

145. 中草药防治甲鱼疾病有哪些好处？

中草药是我国传统的疾病防治药物，它是通过对疾病的“辨证论治”和中草药的“四气五味”理论来进行施治的。随着现代中医药学的研究发展，使中草药防治疾病的应用更趋科学合理，一些西药治疗不太明显的疾病而中草药却能有效控制，已越来越引起医学界的重视。在鳖病防治中，虽然应用时间不长，但已充分显示出它的优点。其中以下几点较为突出：

(1) 综合药效好 由于许多中草药兼有营养性和药物性的双重作用，既能促进糖代谢、蛋白质和酶的合成、增加机体抗体效价、刺激性腺发育，又具有杀菌抑菌、调节机体免疫功能以及非特异性抗菌作用。如黄芪除中医理论的补气固表、拔毒排脓外，现代医学通过对它有效化学成分的测定研究发现，黄芪多糖能促进机体的抗体生成，可使抗体形成细胞数和溶血测定值增加，使血清 IgA、IgM、IgG 水平（包括抗体细胞及 T、B 淋巴细胞和 NK 细胞）增强。黄芪还可使肝炎患者的总补体（CH50）和分补体（C3）明显升高，以提高白细胞渗出干扰素的能力和免疫球蛋白 IgA 及 IgG 的含量。所以，黄芪有提高机体免疫功能，增强体质的作用。再如，豆科植物甘草是一味常用中药，这种中药在我国的种植产量也很高，中医理论归纳甘草的防治功效为补脾益气、清热解毒等。而现代医学研究发现，甘草不但有较好的治疗肝硬化作用，还有较好的镇静、抗炎、抗菌和抗过敏作用。中医药学根据机体活动的正常与异常进行多种中药辨证论治与适时进补，从而达到疾病的预防和治疗。它的功效是综合性的。如笔者配用仙鹤草、龙胆草、蒲公英、北沙参、益母草、川芎等几味中药投喂产后亲鳖，较好地提高了亲鳖的越冬成活和产蛋受精率。所以，中药具有综合药效好的优点。

(2) 应用毒副作用小 许多化学药品在水产养殖的病害防治应用中，经常发生毒副作用，已引起广泛重视。如孔雀石绿（三苯甲烷）虽对水霉、毛霉等致病真菌有较好的抑制作用，但其残留后（残留期通常为 300 天）可诱发动物体致癌，故已把其视为水产养殖中病害防治的禁用品。再如，目前许多抗生素极易产生抗药性，如红霉素在初次治疗的浓度或剂量失败后，再用时需是几倍的量。再如氯霉素，在反复使用时就易造成血红细胞损害而导致溶血性疾病等。中草药物因大多来源于大自然，相对较少发生毒副作用。同样对水霉病、毛霉病的治疗，在调好水质的同时采用泼洒以大黄、五倍子、干草、苦参等中草药配伍而成的煎剂，不但效果好，还能培养水质，更无机体残留现象。特别是内服，使用中草药更为安全。

(3) 成本低，来源广 千百年来，我国传统医药大多取于民间用于民生，中草药遍及全国各地的田园山林。中草药有的不但是防治疾病的药物，也是平时食用的瓜果菜蔬。因此，来源之广、数量之多是化学药物难以相比的。特别是随着科学技术的高速发展，整理研究中国传统医药的工作更加细致明确，到 20 世纪 90 年代初，我国已整理出天然的中草药物有5 000多种，最常用的有 1 000 多种。取材于草、木、虫、鱼、禽、兽、金、石、果、菜、谷、土等几十类。说其成本低，是因为中草药比较便宜，有条件的地方还可以直接到地头园旁、田间山林、河岸路边采挖应用。用量大的也可自己栽种，如上海金升养鳖场利用场区内闲散的空地种植大蒜、胡萝卜、空心菜和脱力草等药用植物，养殖 10 万只鳖，年每只鳖用药不到 0.1 元。比使用中草药前，节省药费近 4 万元。

(4) 和西药结合应用可提高防治效果 所以，中草药作为一种绿色药物，应用于绿色食品的中华鳖养殖，有着十分重大的现实意义。

146. 影响中草药防治效果的原因是什么?

影响中草药防治效果的主要原因有以下几点：

(1) 配伍不当 中药配方是有效用药的核心，配伍者不但要有扎实的龟鳖生态生物学、生药学、病理学等基础知识，更要有丰富的应用实践。但在调查中发现，在应用中草药预防龟鳖疾病的人员中，大多是当地的传统中医，也有部分兽医或从别人要来的配方，他们普遍存在以下不当：

①用人的中医配方：中医中药是我国的传统医学，它主要应用于人疾病的治疗，后来又发展到陆生养殖动物疾病的治疗（如中兽医），而且效果很好。这是因为陆生动物有许多相同的生理生物学特性，如都是恒温动物。而龟鳖是变温动物，它们的许多生理机能依赖于外部的环境条件，所以，很难用中医的清热解毒、解忧除烦、理气补中等中医理论来套用。而应采用中药西用的方法进行，我们首先弄清龟鳖引发疾病的原因，再利用中药中的有效成分进行对症下药。但笔者在有些养殖场看到的配方，大多是针对陆生动物的，方里有许多发汗去热的中药，其应用的效果也就可想而知了。

②配方无主次：一次笔者在苏北地区的一个养鳖场，看到了一个由本场技术员提供的中药配方，这个配方中有 48 味中药，几乎罗列了给龟鳖常用的所有中草药。但后来在本场一个饲养员口中得知，不见有什么效果，这是必然的。因龟鳖发生综合性疾病时，必须弄清楚疾病的主次性，在不同生长时期，用中药预防也要根据当时的情况主次分明，科学配方，不能笼统概全。

③针对性不强：因任何中药配方在针对龟鳖的某种疾病时，

必须有一味针对性强的中药。如对鳖苗白点病的中药外用治疗时，首先考虑的是含抗菌成分丰富、抗菌效果较好的五倍子和黄芩这2味中药，再配其他几味辅助药，一般不超过5味。而一些地方在防治鳖苗白点病的中药配方中，配有大量的内服营养性中药，这对由细菌和真菌感染引起的鳖病治疗效果不会好。

（2）应用不当 目前最常见的一个现象，主要表现为以下几点：

①炮制方法不当：中药的炮制分商品炮制（如饮片、药丸等）和应用炮制。给甲鱼疾病预防的中药是直接购商品或采自鲜品直接应用，属应用炮制。一般方法有浸泡、煎汁和磨粉等，并根据龟鳖疾病的类型采用不同的炮制方法，如幼苗阶段内服中草药，应采用煎汁后再按比例拌到饲料中投喂，但在煎熬时应放多少水，熬成多少药水就有一定的科学性。所以，因炮制不当造成影响药效的例子不少。

②用量不当：在用中草药防治龟鳖疾病时的用量不当，是目前较为普遍的现象。由于用量不当，造成防治无效或产生副作用的例子也不少。如用煎汁泼洒的用量，一般为每立方米水体用干物质的量，再用干药煎成多少药汁进行全池泼洒，但一些地方却把药汁当成泼洒量，其结果就可想而知。也有在配内服量时，虽按理论要求按存塘甲鱼重量的百分比给药，但因不能正确判定甲鱼的存池量，而出现给药量很大的误差，其应用结果也是可想而知。

③给药方法不当：如龟鳖小苗阶段内服中药就不应用粉剂，因小苗的消化吸收功能较差，加之粉料吃了后会在肠道内膨胀，这在50克以上的龟鳖来说不成问题，但对小苗来说，就会出现肠炎病等不良后果。

（3）药物质量不好

①假药：由于中药野生资源的缺乏，市场上出售假药现象经常发生，笔者就遇到几次假甘草、假黄柏的事情。由于大多数养

殖者对中药的辨认经验不足，所以用假药的事情经常发生，应用假药不但起不到预防疾病的作用，有的还会发生严重的中毒现象，其后果也不堪设想。

②变质药：中草药因运输、贮存不当或贮存时间过长，会造成药物变质，这种变质药是绝对不能用的。但一些养殖户因缺乏对中草药优劣辨认的知识，往往买来变质药也不为知，有的则因买来后自己保管不当造成发霉变质，用变质药不但效果差，也极易造成严重的毒副作用。

147. 为什么含水解鞣质成分的中草药不能用于内服？

这是因为中草药中的有效成分水解鞣质，对动物体肝脏有很强的损害作用，所以含这些成分的中药就不能用来给甲鱼内服防治疾病。含这种成分的中药有五倍子、地榆、黄药子、苍耳子、草乌、没食子、诃子和石榴皮等。

148. 大蒜防治鳖病有哪些作用和副作用，应用时应注意什么？

通过研究和应用表明，大蒜在防治甲鱼疾病中有以下作用：

(1) 预防甲鱼脂肝病的作用　在人工养殖体系中，非寄生性肝病已成为当前影响甲鱼健康养殖的病害之一，所以用大蒜中有效成分的降脂保肝药理，通过内服可达到预防甲鱼肝病。

(2) 有预防甲鱼腐皮病和肠炎病的作用　大蒜无论在体内还是体外，都对病原菌有较强的杀灭作用，如细菌和真菌，所以对预防甲鱼的腐皮病和肠炎十分有效。

但用大蒜也有以下副作用：

(1) 杀死精子的作用。大蒜素有杀死精子的作用，其中，动物精子对大蒜比人类的精子更为敏感。

（2）大蒜用量过多，可抑止血红细胞合成和引起溶血而导致贫血。

（3）大蒜辣素的蒜臭味，对小动物有强烈的刺激作用。如笔者曾试验用2%的大蒜浸泡液浸泡患有白点病的50克以下鳖苗，结果不到20分钟就全部死亡。所以在应用中应注意以下事项：对50克以下规格的幼苗不要外用，大蒜在消化道内的杀菌品种中对有益菌种也有一定的影响，故建议不要连续长期投喂。

具体应用方法是：

鳖种阶段（即51～250克的培育阶段），每月内服10～15天，用量为当日干饲料量的0.2%～0.5%。

养成阶段（即250克以上），每月内服10～20天，用量为当日干饲料量的0.5%～1%。用前一定要充分预混，添加时要搅拌均匀，制作时鲜品应避免高温和强光，以免影响药效。

149. 中草药浸泡法防治甲鱼疾病有几种方法？

用中草药浸泡法，主要是防治甲鱼体表性疾病（如腐皮病、寄生虫病等），方法有以下几种：

（1）浓汁高密度浸泡法 主要用来放养前体表消毒和疾病治疗。方法是把配好的中草药剂按药（干品）与水1∶10的比例，用文火煎熬至一半的量后倒至桶或盆里浸泡，浸泡时以漫过甲鱼体背为宜，一般防病浸泡10分钟，治疗浸泡20分钟。浸泡时应注意药水的温度要和外边的环境温度相同。

（2）池塘挂袋浸泡法 这是一种既防治疾病又可培养水质的浸泡方法，目前在精养池塘中普遍使用。方法是先计算好池塘水体积，然后计算好用药量（一般以干品为准），然后把药装在网目为1厘米大小的网布袋里，网布袋最好用尼龙网布做成，网布袋挂在池塘上风头角上，也可分挂在池塘两个对角上。这种浸泡好处是时间比较长，药效可缓慢释放，一般用于杀灭单细胞寄生虫。

（3）温室水泥池塘泼洒浸泡法 这种方法也是先把池塘水体积计算好，然后把所需的中药熬制成药汁，进行泼洒浸泡，浸泡期间不换水，一般可用于苗种放养前的培水和防病，效果很好。

150. 饲料中添加中草药粉应注意什么？

饲料中添加中草药粉来补充饲料中的营养成分（如纤维素等）和甲鱼的防病治病，已成为养殖企业达到养殖优质高产的一项有效措施。但因添加方法不规范、不科学，也出现不少副作用，所以甲鱼饲料中添加中草药粉应注意以下事项：

（1）药粉要细 因为中草药粉中有许多木质素和粗纤维，所以药粉粗不但影响药物成分的消化吸收，还会损坏消化道诱发疾病。因此，添加的药粉细度一定要和投喂配合饲料的细度一样（达到80目过筛），否则就不能添加。

（2）药粉不应有很强的刺激味 由于甲鱼的嗅觉比较发达，对周边环境和饲料的气味十分敏感，因此添加中药粉尽量不要配伍气味芳香或比较刺激气味的中药，否则不但起不到作用反而会影响甲鱼吃食或生长。

（3）小苗不能用 甲鱼苗对气味的耐受能力很差，甲鱼苗的消化系统也比较脆弱，添加中草药粉不利甲鱼苗的消化吸收和生长发育。

（4）用前要用温水浸泡6小时 甲鱼摄食中草药粉后，药粉中的木质素和粗纤维会在体内消化液的作用下膨胀，这样很容易损坏消化道。所以添加前要用温水浸泡6小时，使药粉充分膨胀和变软，这样才有利于甲鱼摄食后的消化吸收。

（5）添加时要先做成药饵并要搅拌均匀 由于中药粉在饲料中的比例比较小，添加前应先用投喂饲料的20%和中草药粉先拌和成预混料，然后再把预混料添加到饲料中去充分搅拌制作成颗粒投喂。

151. 防治甲鱼疾病的常用中草药有哪些?

中草药是鳖病防治中的主要药物之一，中草药不但有药理作用，还有许多其他药物无法替代的营养物质，如多种维生素等。通过多年的实践，在鳖病防治中有很好的作用，特别是中草药在从事养鳖的农村资源丰富，便捷易得，可大大降低用药成本。

(1) 大黄 为蓼科植物掌叶大黄的根和根茎。大黄主要分布在我国的西藏、甘肃和四川等地。大黄主含蒽醌类化合物，如大黄素、大黄酚和大黄酸等，此外，还有大黄单宁、蕃泻甙、鞣质、树脂及糖类等化学成分。大黄中蕃泻甙等结合性大黄酸，能增加动物体肠道的张力和蠕动，可促进消化吸收和增进食欲。大黄中的鞣质有收敛和修复创面作用。大黄中的一些活性成分，还可降低毛细血管的通透性和改善其脆性，能增加血小板促进血液凝固，有明显的止血作用。大黄煎剂有较好的抗菌和抑菌作用，如金黄葡萄球菌、溶血性链球菌、大肠杆菌、痢疾杆菌等。还对一些致病性真菌也有杀灭作用。最近的研究报道表明，大黄还有较好的抗病毒和抗肿瘤的作用。在鳖病防治中，内服可防治鳖的赤白板病和肠道出血病；外泼可防治鳖的白点病、白斑病和腐皮病。

(2) 黄连 为毛茛科植物黄连的根茎。主要分布于我国的西北、西南、华东、华中和华南诸省。黄连根茎含多种异喹啉类生物碱，其中，小檗碱占5%～8%，其他还有黄连碱、甲基黄连碱、巴马汀、药根碱和木兰碱等。酚性成分有阿魏酸、氯原酸等。黄连煎剂中的活性成分如小檗碱和黄连碱，对革兰氏阳性菌和革兰氏阴性菌均有较强的抑制作用，对一些真菌和原虫也有较好的杀灭作用。其中，黄连碱的作用最强，其作用机理在于能有效抑制微生物 RNA 蛋白质的合成。黄连中的小檗碱型季铵碱，均有显著的抗炎作用。黄连煎剂中的小檗碱，还有明显的抗溃疡作用。黄连中的有效成分还有较好的抗病毒作用。在鳖病防治中，可用于消化道疾病和腐皮等外症。但在采用内服时因黄连较苦，比例过高会影响鳖的吃食，以不超过当日干饲料量的0.5%为好。值得注意的是，黄连中的有效成分小檗碱能与甘草中的甘草甙、黄芩中的黄芩甙、大黄中的鞣质类成分反应后生成难溶性沉淀物，在应用时应避免与甘草、大黄、黄芩等含甙类和鞣质类含量较高的中药配伍。

(3) 白芍 为毛茛科植物芍药的干燥根。主产于我国的浙江(杭白芍)、安徽（亳白芍)、四川（川白芍)，河南、贵州等地也有栽培。白芍根含芍药甙、鞣质、苯甲酸、草酸钙、挥发油等成分。白芍煎剂对革兰氏阳菌和革兰氏阴性菌均有较强的抑制作用，对病毒和致病真菌也有较好的抑制作用。芍药甙对消化道溃疡有明显的保护作用。此外，芍药还能增强巨噬细胞的吞噬能力。在鳖病防治中，可用于鳖的肠和肝病。而对亲鳖产后的应用，具有理肝调血的作用。

(4) 牡丹皮 为毛茛科植物牡丹的根皮。我国黄河中下游诸省均有栽培。牡丹皮根皮主含芍药甙、丹皮酚、葡萄糖、苯甲酸、挥发油等有效成分。丹皮酚有抗惊镇静抗应激作用。牡丹皮煎剂还有较好的抗菌作用，特别是对痢疾杆菌、伤寒杆菌、霍乱弧菌、边形杆菌、绿脓杆菌、肺炎球菌都有较强的抑制作用。此外，对常见的皮肤性真菌也有较强的杀灭作用。在鳖病防治中，外泼可防治鳖苗阶段的白斑、白点病；内服可防治肝病和白底板病。在进行分养、运输和放养前投喂5天，可起到抗应激、防损伤的作用。

(5) 黄柏 为芸香科植物黄柏的树皮。主要分布于我国的西北、西南、华北、华中、东北等地区。黄柏主含小檗碱等生物碱，还含有黄柏内脂、黄柏酮、脂肪油和黏液质等成分。黄柏水煎剂有较强的抗菌作用，其中，对霍乱弧菌、伤寒杆菌、大肠杆菌有杀灭作用，对一些真菌也有抑制作用。黄柏所含的小檗碱，还有增强血液中白细胞吞噬能力，起到提高动物体抗病能力的作用。小檗碱对血液中的血小板有保护作用，使其不易破碎。此外，小檗碱还有减轻创面充血的作用。在鳖病防治中，外用可防治鳖的疖疮病、腐皮病；内服可防治肠炎病。

(6) 黄芩 为唇形科植物黄芩的根。主要分布于我国的华北、东北、西北和西南等地。黄芩主含黄芩甙、汉黄芩素等5种黄酮成分，还含有苯甲酸、黄芩酶及淀粉等化学成分。黄芩煎剂对甲型链球菌、肺炎球菌、霍乱弧菌、痢疾杆菌、绿脓杆菌等病原菌均有较强的抑制作用，此外，对一些病毒也有较好的抑制作用。黄芩有加强皮层抑制过程，从而起到镇静作用。研究表明，黄芩还有保肝利胆的作用，在鳖病防治中，外用可防治体表感染的各种皮肤病；内服可防治肝胆病、病毒病和各种细菌感染的疾病。由于黄芩味极苦，且木质素和粗纤维较高，不宜应用于体重50克以内的鳖苗内服。

(7) 黄芪 为豆科植物膜荚黄芪的根。主要分布于我国的东北、西北和华北等地。黄芪主含黄酮类化合物，还有葡萄糖醛酸、黄芪皂甙、大豆皂甙、亚油酸、胆碱和氨基酸等成分。黄芪能加强心脏收缩，对衰竭的心脏有强心作用。黄芪煎剂对多种病原体有较好的抑制作用，如贺氏痢疾杆菌、甲型溶血性链球菌、肺炎双球菌和枯草杆菌等。黄芪中的多糖，具有提高机体免疫力和增强体质的作用。在鳖病防治中，可用于亲鳖产后的补养和成鳖阶段的防细菌感染。

(8) 甘草 为豆科植物甘草的根茎。主要分布在我国的东北、西北、华北等地。甘草富含甘草甜素、葡萄糖酸醛和葡萄糖，还含有甘草次酸、甘草黄甙、甘草醇、苹果酸、生活素和氨基酸等有效成分。甘草甜素中的葡萄糖醛酸通过物理、化学方式的沉淀、吸附与结合，能加强肝脏的解毒机能。甘草煎剂能使肝损伤和肝变性坏死明显减轻，并能使肝细胞内蓄积的肝糖原及核糖核酸含量大部恢复或接近正常，血清丙谷转氨酶活力显著下降。甘草中的甘草次酸对癌细胞有较强的抑制作用。此外，甘草还有较好的抗菌和保护消化道黏膜的作用。在鳖病防治中，可用来预防肝病。

(9) 五倍子　为漆树科植物盐肤木、青麸杨、红麸杨的囊状虫瘿。主要分布于我国的西北、西南、华东、华南的诸省，其中，贵州产量最大。五倍子主含鞣质，约占70%，且大多为水解性鞣质，还有没食子酸、鞣酸、脂肪、蜡质和淀粉等。五倍子鞣酸能使皮肤、黏膜、溃疡等局部组织的蛋白质凝固，呈收敛作用；能加速血液凝固而起止血作用；能沉淀生物碱，有解生物碱中毒作用。五倍子煎剂有较好的抑菌作用，如金黄色葡萄球菌、溶血性链球菌和绿脓杆菌等。在鳖病防治中，可用来防治鳖苗阶段的白点、白斑病。值得注意的是，五倍子尽量不用于内服，因五倍子中的水解性鞣质对肝脏有很强的损害作用。

(10) 七叶一枝花　为百合科植物七叶一枝花的根茎。主要分布于我国的西南、华南等地，目前我国多有人工栽培。七叶一枝花主含甾体皂甙、生物碱和氨基酸等有效成分。七叶一枝花煎剂，对痢疾杆菌、金黄色葡萄球菌、绿脓杆菌、沙门氏菌等有较强的抑制作用。七叶一枝花所含甾体皂甙，可使动物的自由活动减少。在鳖病防治中，主要用来防治鳖的疖疮和白点病。

(11) 板蓝根　为十字花科植物菘蓝的根。我国的河北安国、江苏南通较多。东北、西北和华北诸省也有野生分布。板蓝根富含靛甙、靛红、芥子甙、水苏糖、板蓝根乙素等有效成分。板蓝根煎剂有较好的抗病毒和抗菌作用，对枯草杆菌、大肠杆菌、伤寒杆菌等病原菌，均有较好的抑制作用。在鳖病防治中，主要用来防治鳖的红底板病、白底板病。

(12) 乌梅（酸梅）　为蔷薇科樱桃属乌梅的果实。乌梅含苯果酸、枸橼酸、酒石酸、琥珀酸、蜡醇和三萜等成分，乌梅所含成分有抗过敏作用，还有抗体内的大肠杆菌、霍乱弧菌、伤寒杆菌等阴性菌，在体外还有抑制真菌的作用。中医理论乌梅有生津止渴、驱虫止痢的作用，在应用实践中，可防治鳖的白点病、白斑病和腐皮病；内服和其他药结合，可治疗红底板病的初起。

防治鳖体表疾病时，可用每立方米水体 10 克的中药煎汁全池泼洒。如与七叶一枝花同量合用，以每立方米水体 12 克的量煎汁连泼 3 天，治疗鳖的白点病效果不错。如与仙鹤草、铁苋草、地锦草等量合用打成细粉，以干饲料量 1.5%的比例拌入饲料中，连喂 5 天，治疗鳖的肠道出血病效果也不错。

(13) 连翘 为目犀科植物连翘的果实。主要分布在我国的西北、华北、华中及华东地区。连翘果壳含连翘酚、齐墩果酸、甾醇；种子含三萜皂甙；枝叶含连翘甙、乌索酸；花含芦丁；植物全株含维生素 P 等。连翘煎剂对金黄葡萄球菌、志贺氏痢疾杆菌、伤细菌寒杆菌、肺炎双球菌等细菌有较好的抑制作用。连翘对四氯化碳所致的动物肝损伤治疗，病情明显减轻，并使肝细胞内蓄积的肝糖原与核糖核酸含量恢复正常，血清谷—丙转氨酶活力明显下降，表明连翘中的有效化学成分具有抗肝损伤作用。在鳖病防治中，可用来防治鳖的脂肪肝和肝炎病。此外也可和其他中药配合外用防治鳖的白点病。

(14) 白术 为菊科植物白术的根状茎。主要分布于我国的长江流域。但全国各地均有栽培。白术富含苍术醇、苍术酮、维生素 A、甘露聚糖等有效成分。白术煎剂能促进抗病力和增强活动能力。能活化网状内皮系统，增强其吞噬功能。对四氯化碳所致的肝损害，白术中的苍术酮对肝脏有明显的保护作用。此外，白术的醋酸乙酯提取物有较好的利胆作用。白术中的有效成分有降低脂质过氧化，降低 LPO 含量，提高 SOD 活性，增加机体清除自由基的能力。在鳖病防治中，可起到长期的保肝利胆作用，促进龟鳖生长、提高抗病能力。

(15) 金银花 为忍冬科植物忍冬的花蕾。金银花在我国各地均有分布，现多为人工栽培，并以河南、山东产量最多。金银花主含多种绿原酸类化合物、黄酮类化合物、肌醇和挥发油等有效成分。金银花水浸剂对金黄葡萄球菌、绿脓杆菌、变形杆菌和溶血性链球菌等病原菌，有较好的抑制作用；金银花中的有效成分，对感冒病毒、单纯疱疹病毒等病毒有抑制作用。金银花中所含的绿原酸，可增进胆汁分泌和肝细胞再生，具有保肝利胆的作用。此外，金银花煎剂有降低血中胆固醇水平和阻止胆固醇的肠道吸收作用。金银花中的绿原酸和咖啡酸有显著的止血作用，能使凝血及出血时间缩短。在鳖病防治中，既有保健又有防治疾病作用，内服可防治鳖的红底板病、白底板病。需要提出的是，金银花有抗生育作用，在应用于亲鳖时应慎重。

（16）刺五加 为五加科植物五加的皮。主要分布在我国的华东、华中、西南诸省。刺五加主要含4-甲氧基水杨醛、鞣质、花生酸、亚油酸、维生素A、强心甙、生物碱、挥发油及皂甙等有效成分。刺五加煎剂对大肠杆菌、葡萄球菌等病原菌有较好的抑制与抗菌作用。刺五加中的某些有效成分，能改变对应激反应的病理过程，使在此过程中的肾上腺肥大、肾上腺中胆固醇与维生素C含量降低、胸腺萎缩及肾出血等情况减少。刺五加有促进雄性动物性兴奋和性早熟的作用。在鳖病防治中，可应用于鳖在放养、分养及运输等操作环节中，作抗应激、抗疲劳用药。此药平时不能长用和多用，否则会诱导雄性鳖早熟。

（17）三七 为五加科植物三七的块根。主要分布在我国的广西、云南，现江西、湖北、湖南等省有人工栽培。三七富含皂甙类、黄酮类、生物碱类化学成分。煎剂主要表现在止血作用上，它能增加血液中的凝血酶，并使局部血管收缩。三七还能明显增加血小板数量，缩短凝血时间。在鳖病防治中，主要用来防治鳖的红底板病、白底板病和各种出血症。

（18）柴胡 为伞形科柴胡属植物柴胡。柴胡含柴胡皂苷、柴胡醇、甘油酸等物质。柴胡中的化学成分，对一些致病细菌和病毒都有明显的抑制作用。柴胡是预防暴发性鳖病的良药，一般与大青叶、板蓝根合用。柴胡有抗肝损伤作用，是一种保肝的良药。柴胡提取液有镇静作用，这对鳖病防治中的意义很大，在高密度工厂化养殖过程中，减少鳖无谓活动和相互撕咬。在防治鳖由病毒引发的疾病中，可与板蓝根，连翘、黄芪等中草药合用，有更好的控制效果。在苗种阶段，可以干饲料量1%比例把药煎汁后拌入饲料中投喂。如在200克以上的养成阶段，则可把药物打成100目过筛的细粉，以干饲料量1.5%的比例直接把药粉拌入饲料中即可。通常用药为每月10天为好。

（19）马齿苋 别名马蛇菜、长寿菜和酱瓣苋等，为马齿苋科草本植物。我国各地均有分布。马齿苋全草含丰富的蛋白质、脂肪和糖类，还含有钙、磷、铁、胡萝卜素、硫氨素、核黄素和尼克酸等营养成分。马齿苋还含有左旋去甲肾上腺素、儿茶酚、皂甙、鞣质、黄酮类和蒽醌类等化学有效成分。研究表明，马齿苋中丰富的维生素A样物质，能促进有损的上皮细胞生理功能趋于正常，并能促进溃疡的愈合。马齿苋中的有效化学成分，有很强的抗细菌和抗皮肤真菌作用。此外，马齿苋还有较好的止血和促进肠道蠕动作用。在鳖的养殖生产中，马齿苋不但是鳖的好饲料，也是预防鳖疾病的好中药，如鳖的腐皮病、肠炎病等。

（20）败酱草 别名黄花败酱、龙芽败酱、黄花龙芽等，为败酱科植物黄花龙芽和龙芽败酱。主要分布在我国的东北、华北、华东、华中、华南及西南的一些省份。败酱草含有丰富的蛋白质、无氮浸出物和多种维生素等营养物质，并含有挥发油、多种皂甙。败酱皂甙由齐墩果酸和鼠李糖、葡萄糖、阿拉伯糖、半乳糖和木糖等组成。败酱草还含鞣质和生物碱等化学成分。药理研究证明，败酱草有促进动物肝细胞再生、改善肝功能的作用。败酱草浸出液还有较强的抗菌作用，特别对金黄葡萄球菌、福氏痢疾杆菌、伤寒杆菌、绿脓杆菌、大肠杆菌有抑制和杀灭作用。在鳖病防治中，外用可防治龟鳖鱼的白点病、腐皮病、疖疮病；内服可防治龟鳖鱼的肝病和出血病。

(21) 鱼腥草 别名侧耳草、猪鼻孔和鱼鳞草，为三白草科植物蕺菜的全草。分布于我国江南及西藏等地。据测定，1 000克鱼腥草干粉中，含粗蛋白 98 克，粗脂肪 20 克，无氮浸出物 390 克，钙 52 克，磷 31 克，并含多种维生素。鱼腥草还富含挥发油、蕺菜碱、钾盐、鱼腥草素、异槲皮甙等有效化学成分。鱼腥草干品煎剂和鲜草，对溶血性链球菌、肺炎球菌、大肠杆菌、伤寒杆菌等病原菌均有较强的抑制作用。鱼腥草挥发油对霉菌也有较好的抑制作用。此外，鱼腥草有效成分还有提高机体免疫力和止血作用。但因鱼腥草含有小毒，在内服时应控制用量，否则会引发肠道不适而影响吃食，对鳖的稚苗阶段尽量不用来内服。在鳖病防治中，外用可防治甲鱼的白点病、白斑病、腐皮病；内服可防治龟鳖鱼的肠炎病和出血病。

(22) 穿心莲 别名一见喜、苦草和四方草等，为爵床科植物穿心莲的全草。全国各地均有分布。穿心莲除含有蛋白质和多种维生素等营养物质外，还富含穿心莲内酯、穿心莲烷、穿心莲蜡、穿心莲酮、穿心莲甾醇、氯化钾、氯化钠和生物碱等有效化学成分。穿心莲煎剂对多种革兰氏阳性菌和革兰氏阴性菌有较强的抑制作用，如金黄葡萄球菌、绿脓杆菌、溶血性链球菌和痢疾杆菌等。穿心莲还有促进白血球吞食细菌的作用。在鳖病防治中，可用于龟鳖苗种培育阶段常发的白斑、白点病、白眼病的防治，也可用于防治鳖的红底板、白底板病。值得提出的是，穿心莲味道特苦，在 30 克以内的甲鱼苗尽量不单用该草内服，以免影响食欲。

(23) 蒲公英 别名婆婆丁、黄花地丁和奶浆草等，为菊科植物蒲公英的全草。蒲公英在我国各地均有分布。蒲公英每 100 克鲜草中，含粗蛋白 3.3 克，粗脂肪 1.0 克，无氮浸出物 5.2 克，还含多种维生素。蒲公英干粉含粗蛋白 20.4%，粗脂肪 5.0%，无氮浸出物 24.4%。此外，蒲公英根含多种三萜醇，为蒲公英甾醇、蒲公英苦素及咖啡酸等。全草含肌醇、天冬酰胺、苦味素、皂甙、树脂、菊糖、果胶、胆碱、黄呋喃素和维生素B等有效化学成分。蒲公英水煎剂，对多种病原菌有较强的抑杀作用。对常见致病性皮肤真菌，也有较强的抑制作用。蒲公英水浸剂有很好的利胆作用。最近研究报道，蒲公英有较好的抗癌作用。在甲鱼病防治中，主要用来防治甲鱼的腐皮病、水霉病、疖疮病及肝炎病。

(24) 地锦草 别名奶浆草、血见愁和铺地红等，为大戟科植物地锦草的全草。我国各地均有分布。地锦草除含有蛋白质和多种维生素外，还主含黄酮类化学成分和没食子酸等有效成分。地锦草煎剂有较好的抗菌作用。研究表明，地锦草有较好的止血作用故又叫血见愁。此外，地锦草有效成分还有中和毒物的作用。在鳖病防治中，内服可防治各种出血症和肠炎；外用可防治龟鳖的腐皮病、白点病和疖疮病。

(25) 铁苋菜 别名野麻草和叶里含珠等，为大戟科植物铁苋菜的全草。我国各地均有分布。铁苋菜鲜草中，含粗蛋白1.9%、粗脂肪1.3%、无氮浸出物44.8%，及多种维生素等营养物质。全草还富含铁苋采碱、水解鞣质、黄酮类和酚类等有效成分。铁苋菜煎剂有较强的抗菌作用，特别是对金黄葡萄球菌、变形杆菌、绿脓杆菌、伤寒杆菌、痢疾杆菌有较好的抑制作用。此外，铁苋菜还有较好的止血作用，也有“血见愁”之称。在鳖病防治中，外用可防治龟鳖的疖疮病、白点病；内服可预防红底板和白底板病。

152. 水果也能防病吗？

水果中富含多种维生素和各种营养物质，所以，在饲料中适当添加对养殖甲鱼很有好处。特别是一些水果资源比较丰富的地方，可因地制宜综合利用。

(1) 西瓜 为葫芦科植物西瓜的果实。西瓜富含糖、蛋白质、氨基酸、苹果酸、番茄素、维生素C等物质。西瓜中的糖有很好的解毒作用，而苹果酸有很好的适口性。西瓜有利尿解毒的功效，可用来预防龟鳖的水肿病和水中毒症。用量为：治疗用鲜品，以干饲料量8%～10%的比例榨汁拌入饲料中投喂；预防则用5%的比例。

(2) 苹果 为蔷薇科植物苹果树的成熟果实。苹果富含苹果酸、蛋白质、糖类、奎宁酸、酒石酸、鞣酸及各种维生素。研究表明，苹果有补脑补血、安眠和解毒的作用。苹果味甘，微酸，性凉。具生津止渴、益脾止泻的功效。平时添加可预防维生素缺乏症，在治疗时添加可起到提高治疗效果的作用。用量为：预防以当日干饲料量7%的比例榨汁添加；治疗以10%～12%的比例添加。

(3) 橘子 为芸香科植物多种橘树的果实。橘含丰富的维生素C、维生素A、蛋白质和糖类，此外，还含丰富的枸橼酸，橘皮还含橙甙、柠檬酸等有效成分。橘中的维生素C，有很好的抗氧化作用。维生素C也叫抗坏血酸，有协同治疗各种感染症的作用。

橘味甘、酸，性温。具有疏肝理气、消肿解毒的功效。在鳖病防治中，皮晒干后即为陈皮，可起到帮助消化、增进食欲的作用，每月添加10天，可促进生长。用量为：以当天干饲料量1%的比例，煎汁拌入饲料中投喂。鲜橘榨汁添加，可提高免疫力，增强抗病能力。添加量为：干饲料量的5%～7%的比例添加。但应注意的是，橘子中的有机酸能刺激消化道黏膜，对50克以下的鳖苗应少用或不用。

(4) 梨 为蔷薇科植物白梨或秋梨树的果实。梨含丰富的有机酸、葡萄糖、蛋白质和各种维生素，这些物质有营养和解毒作用。梨味甘、微酸，性凉。具有生津止渴、解毒的功效。可作食物的解毒剂，如当龟鳖氨中毒时可和葡萄合用榨汁，以干饲料量

10%～15%的比例拌入投喂，有较好的解毒与恢复体质的效果。平时添加，可作维生素B族缺乏的补充，从而达到防病目的。用量为：用鲜品，以干饲料量5%的比例榨汁添加。

（5）大枣 鼠李科植物枣树的成熟果实。大枣含丰富的维生素B、维生素C、维生素P，还有糖类、有机酸、微量元素的有效成分。大枣有保护动物肝脏和增强动物体能的作用，还有补血作用。大枣味甘，性平，具有利血养神、解毒和胃的功效。特别是龟鳖苗种阶段添加，可增进龟鳖苗种食欲、促进生长和提高机体免疫力的作用。添加量为：用干品，以干饲料量3%的比例煎汁，每月添加10天。

（6）猕猴桃 为猕猴桃科植物猕猴桃树的成熟果实。猕猴桃富含各种维生素，其中，维生素C是苹果的20倍。此外，还有糖类、蛋白质和微量元素。猕猴桃有防治肝炎的作用。常食猕猴桃，还可避免亚硝酸胺的产生，因亚硝酸胺是一种致癌物质。猕猴桃味甘、酸，性寒。具有生津和胃的功效。在龟鳖疾病防治中，平时适当添加，可预防温室龟鳖的肝病。在治疗感染性疾病时，可作为补充维生素C辅助性良药，可大大增强治疗效果。添加量为：平时，用鲜品以干饲料量5%的比例榨汁添加；治疗时，以干饲料量8%的比例榨汁添加7天。

（7）山楂 为蔷薇科植物山楂树的果实。山楂含糖类、蛋白质、多种维生素、酚类、黄酮类和苹果酸等有效成分。山楂所含的黄酮类化合物，是一种较好的抗癌物质。而焦山楂的碳化部分，可在消化道内能吸附腐物和细菌产生的毒素，可起到收敛作用。山楂味酸、甘，性温。具有开胃消食、收敛杀菌的功效。适量添加，可增进食欲、预防龟鳖疾病、促进生长。在治疗感染性疾病时适当添加，还可增加治疗效果。用量为：平时添加，以干饲料量1%的比例煎汁拌入饲料中，每月连喂10天；治疗时，以干饲料量3%的比例煎汁，拌入饲料中连喂7天。

（8）菠萝 为凤梨科植物菠萝的成熟果实。菠萝含糖类、多种维生素和有机酸。菠萝果汁中还含有菠萝元酶，这种物质能在消化道内分解蛋白质，有助于蛋白质食物的消化吸收。菠萝还有消水肿和抗炎的作用，在治疗感染性疾病时与抗生素合用，可提高疗效。

菠萝既可作为营养物质添加，也可辅助治疗疾病，特别是预防龟鳖消化道疾病和肝病。添加量为：平时可用鲜果，以当天干饲料量5%的比例榨汁添加；治疗时，以8%的比例添加。

(9) 草莓 为蔷薇科植物草莓的成熟果实。草莓富含糖类、维生素、氨基酸、柠檬酸、苹果酸和微量元素。草莓是一种低热能多营养的滋补佳品，故有果中皇后之称。

草莓具有生津健脾的功效。在龟鳖疾病防治中，对暴发性疾病的辅助防治，有很好的效果，如鳖的红底板病、白底板病和腐皮病。添加量为：用鲜果以当天干饲料量的5%～8%比例榨汁拌入饲料中投喂。有条件的，可每月10天以干饲料量5%比例的鲜果榨汁长期应用。

(10) 葡萄 为葡萄科植物葡萄的成熟果实。葡萄富含葡萄糖和多种维生素，特别是维生素C和维生素P含量丰富。所以，葡萄有很好的营养和解毒作用。

葡萄味甘、微酸，性平。具用补肝益肾、利尿解毒的功效。可预防龟鳖的水中毒和非寄生性肝病，平时适量添加可提高鳖的抗病力。用量为：平时用鲜品，以当天干饲料量5%的比例榨汁添加；辅助治病时，用鲜品以干饲料量10%的比例榨汁拌入饲料中连喂7天。

153. 什么是“三消一投喂”防病法？

“三消一投喂”防病法，是笔者多年总结的防病新措施，不但效果好，技术也很简单。

(1) 池塘消毒 无论是温室还是野外任何养殖形式，放养前养殖池塘和水域必须进行池塘消毒，用市售生石灰按 500 克/m^2。用干法清塘，也可用市售的二氧化氯按产品说明进行。

（2）放养前甲鱼体表消毒 如是 50 克以内的鳖苗，可用 1%浓度的盐水浸泡 5 分钟，如是 50 克以上的甲鱼，可用市售的聚维酮碘按产品说明要求浸泡消毒，也可用 1%的盐水浸泡 10 分钟消毒。

（3）池水消毒 无论是外塘还是温室每隔 20 天都应进行 1 次池水消毒。温室里可用市售的聚维酮碘按产品说明进行消毒；外塘可用市售的二氧化氯按产品说明进行消毒。

（4）一投喂措施 在日投喂量中添加饲料总量 5%的中药细粉，中药粉主要为市售的三黄粉和其他中药粉，药粉在投喂前用温水浸泡处理。

154. 为何用泼洒法防治鳖病前必须测试水体中的生物理化指标？

这是因为泼洒的药物是在水体中发挥作用的，而水体中生物理化指标的高低会影响药物的作用，如在温室里泼洒生石灰调节水体 pH，就必须测定水体中氨的指标。如高于 1 毫克/升泼洒石灰水，就会加重水中甲鱼氨中毒的概率，所以必须换水后才能进行。再如，在野外池塘杀灭单细胞寄生虫（如纤毛虫等）用硫酸铜时，也应了解水体中的 pH。一般 pH 越高，剂量就要加大；否则反之。同样在用高锰酸钾泼洒治疗时，也应了解水体中的生物浓度和 pH，如果生物量大，pH 高用量就要增加，否则就不能有好的效果等。

155. 预防疾病的关键措施有哪些？

甲鱼养殖只要积极做好预防，一般是不会发生疾病的。预防甲鱼疾病关键措施主要有以下几项：

（1）把好环境关 良好的环境是甲鱼养殖防病的首要，如甲鱼怕惊扰，就应尽量远离有干扰的环境，要做到甲鱼无病养殖，就必须有良好的生态环境，优质的水源环境，安全的社会环境。

（2）把好设施关 良好的配套设施也是防病养殖的措施之一，如温室一定要保温性能良好，因为温度不稳定，最易使甲鱼发病。另外，如外塘养甲鱼的晒背台和养草的草栏，也是甲鱼防病很重要的基本设施。完备的设施和合理的布置，都能起到预防疾病的作用。

（3）把好种苗关 把好种苗关有两种含义：一是要有好的品种，即优良品种；二是要有优质的种苗，如优质鳖苗和鳖种。实践证明，体弱多病的苗种，就是好品种，也不能阻止甲鱼发病。所以选育良种、培育壮苗是很关键的防病措施。

（4）把好饲料关 饲料是养殖的要素之一，只有营养全面、结构合理的饲料，甲鱼才能健康生长。在甲鱼的生长生育过程中，缺乏某种营养都会引发疾病，有的还会引起并发症。如缺乏矿物元素，就会引发亲鳖产软壳蛋；缺乏某种维生素，会引起神经症状。

（5）把好操作关 甲鱼的好多疾病是人为造成的，如危害较大的腐皮病，就是人工操作时不慎损伤表皮引发病原菌感染发生的。所以，生产中的操作一定要严格规范，认真细致，不能马虎粗暴。

156. 甲鱼腐皮病怎样防治？

甲鱼腐皮病，是指由种种原因导致甲鱼体表损伤后感染病原生物引发的白点病、白斑病、烂颈病、烂脚病、白眼病、腐甲病、疖疮病和发展严重的烂甲病、穿孔病等。

（1）甲鱼腐皮病的发病原因与病症

①发病原因：甲鱼腐皮病发生的主要原因是，在运输、放

养、分养等工作中操作不当、养殖密度过高、养殖水体恶化或寄生虫侵袭等原因，损伤体表感染病原菌后引发的甲鱼体表疾病。致病病原主要为毛霉、水霉、肤霉、绵霉等真菌和嗜水气单胞菌、假单胞杆菌、爱得华氏菌等细菌。甲鱼腐皮病是目前最常见，也是普遍和较头痛的疾病，这种病在初发时治疗不及时，不但死亡率高，即使不死的，也影响生长与产品质量。

②主要症状：由真菌引发的腐皮病，主要侵袭甲鱼的稚、苗、种阶段，体表的裙边和颈部在水下观察，可见呈白色絮状的斑块。而大多数甲鱼在春秋外塘养殖发病时，可在体表的颈部、腿部见到白色或灰白色絮丝呈簇状团块。以上发病甲鱼初时行动迟缓，但还能进食，严重后停食，有的漂在池角水面，有的趴在食台上不动，大多最后因并发其他疾病而死。

由细菌引发的腐皮病患病甲鱼，体表和脚爪、头颈、尾部有大量点状黄白色渗出物，有的可见眼睛红肿，眼珠发白，鼻端发白等。养成阶段的患病甲鱼，则多为烂颈、烂脚、烂甲、烂尾、体背疖疮等，病情严重的体背穿孔烂甲并直接感染肺部，有的颈部红肿，脚爪脱落，尾巴烂掉。发病甲鱼大多食欲不振，行动迟缓，严重的趴爬在食台上，不久就死亡。剖解可见，肝肿大质脆并呈大理石状，且大多伴有腹水症状。

(2) 甲鱼腐皮病的预防

①放养前池塘用生石灰干物质，每亩200千克干法清塘。

②甲鱼50克以内规格，放养前用1%的盐水浸泡5分钟；50克以上的，用2%的盐水浸泡5分钟或用聚维酮碘，按产品说明浸泡消毒。

③放养后2天，每立方米水体15克中药熬成药水泼洒；放养后10天，再用1次。养殖期每隔15～20天泼洒1次。中药方为五倍子40%，黄芩20%，土槿皮30%，乌梅10%。

④养殖期每隔10天投喂中药粉6天，用量为当天干饲料量的5%添加。配方为黄芩35%，甘草20%，马齿苋20%，山楂

10%，土三七15%。添加前先浸泡3小时。

⑤调节好养殖水温，由于真菌的最适生长水温为18～26℃，所以在工厂化养殖环境中，可把水温调到28℃以上，这样不但利于甲鱼的活动吃食，也能抑制真菌的生长。

⑥采光大棚和野外池塘在放养前要适度肥池水，使水的透明度不高于20厘米。因真菌易在较清的池水中生长，所以调肥池水也能控制真菌的生长。提倡甲鱼苗种肥水下塘，也是为预防真菌病的发生。

⑦生产操作应避免甲鱼体表损伤，最好全过程带水操作。引种运输时，装载应平铺单层隔放，不可叠堆。

⑧定期进行池水消毒，以减少养殖水体中病原生物的数量，及时杀灭寄生虫。

⑨合理放养密度，及时分养调整密度。

⑩搞好水生环境，室内养殖的除用吸污器去污外，还应常用生石灰泼洒调节。如是室外养殖，除泼洒生石灰外，有条件的应定期换新水。特别是夏天高温季节，最好每2～5天换1次新水。

(3) 甲鱼腐皮病的治疗 如确诊是由真菌引发的腐皮病，可把池水彻底换掉，然后注上30厘米新水，用高锰酸钾每立方米水体50克化水泼洒，30分钟后再把水注到标准水位就可。如是细菌性的，可用聚维酮碘按产品说明应用。

157. 腐皮病严重的大规格甲鱼有治疗价值吗?

大规格甲鱼，是指个体重在400克以上。因为这种规格的甲鱼只要吃食正常，一般再养几个月就能长到750以上的商品甲鱼，这时如果得了比较严重的腐皮病（一般为烂脚、烂头颈、烂甲等）即使治好养成商品，也会留下很明显的疤痕，这就严重影响了产品的销售外观。一般经销商都会挑出来当次品收购，价格相当于正常商品的1/5，有的甚至还不够甲鱼的饲料钱，所以大规格甲鱼一旦发生了严重的腐皮病，就没有必要再去隔离治疗，直接捞出处理就可。

158. 怎样预防甲鱼红底板病、白底板病?

甲鱼赤白板病（俗称红底板、白底板病），最早流行于日本，也是我国近年来危害较大的甲鱼病之一。特别是此病一旦暴发很难控制，所以早期确诊治疗与平时预防是关键。

（1）流行特点与发病原因

①流行：来势猛，病程长，死亡率高，不分季节并与气候环境条件密切相关，是赤白板病的流行特点。无论春夏秋冬，当气候环境恶劣或正常养殖环境被突然打破等，都是诱发赤白板病的主要因素，特别是春季温室鳖种出池到室外养殖的发病率占80%。笔者认为，赤白板病的发生原因主要是环境恶化或突变，超出鳖生理调节能力，造成强应激破坏机体防御机能，使病原乘虚而入感染所致。

②病原：有关赤白板病病原的研究较多，有病毒说，也有细菌毒素说。但到目前为止还没有检测出真正的病毒，有报道的病毒也是疑似而已。但大量的检测表明，假单胞杆菌和嗜水气单胞菌为主要病原，并在早期治疗中取得验证。

③发病原因：环境恶化和应激是主要原因，如远距离大温差运输，大温差环境转移，饲料质量的突然明显变化，大量投喂劣质冰鲜鱼等。

（2）发病症状

①行为变化：突然或长期停食是赤白板病的典型症状，减食量通常在50%以上。发病后病鳖多在池边漂游或集群，大多病鳖头颈伸出水面后仰，并张嘴作喘气状，有的鼻孔出血或出气泡，严重的有明显的神经症状，对环境变化异常敏感，稍一惊动

迅速逃跑，不久就潜回池边死亡。

②外部症状：病鳖体表无任何感染性病灶，背部中间可见圆黑色影块，俗称“黑盖”。病鳖死亡时头颈发软伸出体外，有的因吸水过多全身肿胀呈强直状，刚死的病鳖头部朝下提起时，口鼻滴血或滴水。有的腹部呈浊红色（红底板），有的则苍白色（白底板）。大多雄性生殖器脱出体外，部分脖子肿大。

③内部病状：剖解可见，头颈部鳃样组织糜烂呈淡黄色或灰白色变性坏死，气管中有大量黏液或少量紫黑色血块。背部，肺脓肿，有的气肿，丝状网络分离。有的有大量紫黑色血珠或淡黄色气泡。腹腔，肝肿大，有的呈紫黑色血肿，有的为淡黄色或灰白色“花肝”。胆囊肿大。肠管中有大量淤血块，有的肠壁充血，也有的肠管空白，肠中无任何食物。有的膀胱肿大充水，稍触即破。心脏灰白色，心肌发软无力。雌性输卵管充血，雄性睾丸肿大充血，阴茎充血发硬，也有的大量腹水。

（3）预防

①改进养殖模式：根据几年来的调查表明，春季从温室移养到室外易发生赤白板病的鳖种，大多为封闭性温室培育，而采光大棚培育的较少。这是因为封闭性温室不但无光恒温，环境相对要较采光大棚稳定，如不有意在出池前进行较长时间的调控，就难适应室外多变的自然环境，故建议移到室外养殖的鳖种，最好在塑膜大棚中培育为好。

②培育体质强壮的优质鳖种：体质好坏与疾病发生有关，通常体质好、抗病力强的鳖种适应力强，恢复正常也较快。所以，培育肥瘦适中、活力强、体质好的优质鳖种十分重要。但要做到这一点，需在培育期间做到以下几点：一是整个培育期间要经过几次分养锻炼，这如同鱼苗培育中需要拉网锻炼一样；二是饲料中应添加一定比例的鲜活饲料，这样不但能减少肥胖鳖，也补充了某些营养不足，能增强鳖的体质，此外，还应每月定期投喂些促进消化、提高机体免疫力的中草药，如黄芪、甘草、败酱草、

铁苋菜、马齿苋和双花等；三是培育密度要合理，一般要培育强壮的鳖种，密度应不超过每平方米 25 只。出温室养殖的鳖一定经过挑选，对那些体质差有病未愈的残次鳖，不应出外边养殖。

③掌握好出池前后的天气变化：由于气候环境的变化与赤白板病的发生密切相关，所以，出池后要有连续 10 天以上的晴好天气，并使水温在 25℃的基础上有上升的趋势。这样出池后，鳖就能较快地适应室外的环境，进入正常晒背觅食活动。由于能吃食，相应也好从口服的途径投喂些防病药物，否则，就不能出温室移养。

④外运鳖种应做好隔离暂养和鳖体消毒工作：由于一些地方的赤白板病发生是因外地鳖种与本地鳖混养后诱发的，所以除了要注意外运季节的天气状况和装运管理方法，还应把运到的外地鳖先隔离暂养一段时间，等完全适应和正常觅食后再行分养。同时，在隔离放养和分养时要做好鳖体的消毒工作，以免外地鳖病原传入本地，诱发赤白板病。

⑤平稳过渡室外环境：全封闭温室养的鳖，出温室前一个月应做好室内环境的调控工作，如逐步降温与饲料转口等。降温不单纯是停止加温，而应在晴好无雨时逐步打开窗户或塑棚膜，调控到移出温室时室内的温度与室外气温同步，而投饲也应放在白天，饲料品质也应在室内逐步从幼鳖料转为成鳖料。

⑥加强出池后的投喂和药防：鳖经过环境变换，多少会有些应激和体表损伤，所以除做好鳖体消毒外，出温室后应加强投喂。投喂方法：原来在温室里是水下投喂的，到室外头几天也应在水下投喂，并逐步引到水上食台投喂。如温室水上投喂的，可采用食台斜放法半水下半水上投喂，也逐渐引到食台上吃食。在加强投喂的同时，饲料中还应添加些果寡糖和维生素 C，连喂 6 天。当吃食完全正常后，应投喂些促进消化吸收和解毒杀菌的中草药，通常为干饲料量的 1.5%煎汁拌入饲料中，每月 10 天投喂防病。有条件的，也可在饲料中按说明用量添加氟苯尼考和利

巴韦林合剂进行预防。除上述预防措施外，一些地方生产的注射疫苗，生产单位可根据自己的技术量力而行。

⑦华南地区的养殖场，在养殖期除在养殖池中种好草外，还应搭些晒背台供鳖栖息。经验表明，当养殖池中有水草和栖息条件的地方，暴发此病的概率就大大减少。

⑧杜绝投喂劣质冰鲜鱼。

（4）治疗 由于赤白板病的发生呈暴发性，一旦发病大多停食。治疗要根据具体情况而行，具体做法是：一是用二氧化氯进行池水消毒，用量可按产品说明的量大 20%；二是适当换水，每隔 3 天换出原池 2/5 的水，条件较好的可采用微流水的方式，以保持水质良好；三是水温在 26℃以上鳖开始吃食时，就应采购些质好味鲜的淡水鱼或鲜猪肝，打成浆拌到饲料中投喂。同时，在饲料中按产品说明添加水溶性氟苯尼考和庆大霉素，也可结合中草药进行治疗效果较好。

159. 怎样预防雄性甲鱼生殖器脱出症？

正常甲鱼的雄性生殖器除交配时与雌性泄殖孔交接外，平时是不露出体外的。但在人工养殖过程中，有相当比例的雄性甲鱼出现异常脱出体外。特别是在工厂化温室的养殖过程中尤为突出，严重的可达 15%，大大影响养殖成活和产量。

（1）病症 雄性甲鱼生殖器刚脱出时呈血红色，绵软。当充血的阴茎脱出体外后，很快感染细菌病引发全身症状，随后阴茎逐步成灰白色并由软变硬。时间稍长些后，有的被健康甲鱼咬掉，有的则开始腐烂变黑。大多病甲鱼发现后，还没等治疗就已死亡。

（2）原因

①饲料质量差：饲料原料的质量好坏是饲料质量的关键，如鱼粉中盐的比例超标，就易引发此病，因在食品中过多的钠离子

能刺激肌神经兴奋，当然也包括性肌神经。此外，较差的鱼粉中过多的鱼内脏（包括性腺）和头部（内有鱼垂体），也易引发此病，因这鱼粉的有些成分能促进鳖的生理早熟。此外，如在饲料中添加一些激素类的物质，就更会引发此病。

②养殖环境持续高温：养殖环境持续高温也易引发此病，因鳖是变温动物，在持续高温（通常超过32℃）的水环境中，会持续快速生长而产生性早熟性兴奋。如近年来在温室里养的境外鳖，不到400克就开始交配产卵。

③病原菌感染：病原菌感染后，鳖出现全身症状后也易并发此病，如鳖的红底板病、白底板病就有这种症状。此外，养殖密度过高、水质败坏也易引发此病。

(3) 防治

①调整饲料结构：在原来的饲料中，配合20%左右的无公害鲜活饲料。

②控制室内温度：适当降低过高的水温（降低至29～30℃），并保持稳定。

③合理分养：及时分养，合理调整养殖密度。

④选择优良品种：选择优质的中华鳖良种养殖，尽量不养易早熟的泰国鳖。

⑤定期药防：定期投喂中草药预防，以减少由病原菌感染引发此病。

⑥及时治疗：发现病鳖赶快捞出，用结扎法进行手术治疗。方法是：用消毒后的医用缝合线，从泄殖孔基部把外露的阴茎扎紧止血，再用医用剪子把结扎以外的阴茎剪掉，然后用医用碘酒或龙胆紫药水在创口处进行消毒，消毒后结扎部位的阴茎基部会因碘酒的刺激缩回体内。手术后应在后肢基部注射青霉素15万单位，另一肢基部注射维生素C 1毫升。经过上述处理过的病鳖，应放到隔离池单养。头5天投喂的饲料中，应添加维生素C、维生素B和氟苯尼考，一般几天后就可恢复。

160. 甲鱼脂肪性肝炎怎样预防？

（1）脂肪肝性肝炎的发病原因 在正常情况下，肝脏不断地将游离的脂肪酸合成三酰甘油（TC），再以脂蛋白的形式输到血液中。若血中游离脂肪酸过多，肝内三酰甘油合成增加或肝内脂蛋白排出减少，这种非动态平衡如得不到及时控制和逆转，随着时间的推移就会形成脂肝病。引发甲鱼脂肝性肝炎病变的主要原因是，长期投喂高脂、高胆固醇或蛋白中缺乏蛋氨酸、胱氨酸的饲料所致。

（2）脂肪肝性肝炎的发病症状 病鳖大多体厚裙窄薄，四肢失调性肿胖，行动迟缓。如是成鳖，前期生长快、后期慢并逐渐变成僵鳖。如是亲鳖，产卵与受精率降低，有的甚至不产。剖检可见，肝脏肿大并有无数淡黄色的脂肪小滴，也有的伴有胆囊肿大。

（3）脂肝性肝炎的中草药预防 用药以促进消化和降脂保肝为原则。配方为：茶叶 20%，蒲黄 20%，荷叶 15%，山楂 20%，红枣 15%，甘草 10%，合剂打成细粉（药粉细度要求 80 目过筛，下同），用时以当天干饲料量 5%～8%的比例添加到饲料中投喂，每月 6 天。药粉添加前要求在温水中浸泡 2 小时后，连药带水一起拌入饲料中。

除了中草药预防外，平时应加强饲养管理和水生环境的管理，绝不投喂变质隔餐或超脂超蛋白标准的饲料。投喂商品饲料应坚持添加鲜活饵料，在市售商品鳖饲料的基础上，添加 10%～15%的鲜活饵料（鲜活饲料需是无公害的新鲜鱼、肉、蛋及无公害的瓜果菜草）。

161. 甲鱼药源性肝炎怎样预防？

甲鱼药源性肝炎，也是近年来发病较多的甲鱼内脏疾病，并呈上升趋势，应引起重视。

（1）药源性肝炎的发生原因 长期在饲料中添加化学药品进行主动防病，或在治疗甲鱼的某种疾病时，应用了损害肝的药物及用药不当，是甲鱼发生药源性肝炎的主要原因。因为肝脏是药物进入甲鱼体内后主要的代谢、解毒场所，特别是来自消化道和门静脉的药物，对肝脏的影响尤其重要。药源性肝炎由以下几个因素造成：一是药物对肝脏的毒性作用，药物过敏反应；二是药物对胆红素代谢的影响；三是药物引起的溶血及蓄积中毒等。特别是不恰当的并用两种以上化学药物时，会出现相加作用，从而使毒性增强导致肝病。一般最易引起药源性肝炎的常见内服西药有四环素、苯唑青霉素、红霉素、氯霉素、磺胺类、呋喃类及雌雄激素等；内服中药有黄药子、苍耳子、草乌、五倍子、地榆等。

（2）药源性肝炎的发病症状 发病甲鱼大多突然停食，行动失常，有的呈严重的神经症状在池中水面转圈，不久后死亡。剖解可见，肝胆肿大，肝体指数多在8%以上，肝叶发脆并呈灰黄或灰白色病变，有的严重腹水，肝组织变性，肝功能下降。

（3）药源性肝炎的预防 用药以解毒保肝为原则，配方为：甘草20%，五味子15%，垂盆草20%，生地黄25%，金银花20%，合剂打成细粉或煎汁内服，以当天干饲料量5%～10%的比例拌入饲料中，连喂6天，用药粉前需浸泡。

除了中草药预防外，平时用药应符合有关标准规定的用药准则。决不用已禁止使用的化学药品和抗生素内服防病，更不能长期每天添加某种化学药、抗生素和中草药防病。平时在饲料中应不定期添加些无公害的新鲜瓜果菜草，添加比例为当天干饲料量的10%，添加前需打成浆或汁后再拌入饲料中投喂。

162. 甲鱼感染性肝炎怎样预防？

甲鱼病原生物感染性肝炎是甲鱼的一种综合性疾病，也是近年来发生较多的疾病，由于其发病时间较长，所以对养殖效果的影响会更大，也应引起高度重视。

(1) 甲鱼病原生物感染性肝炎的发生原因 大多数甲鱼感染疾病后易并发肝脏或影响肝脏正常机能的肝炎病。如由病原微生物感染所致的鳖红底板病、白底板病、穿孔病、鳃状组织坏死症等，都会直接或间接并发肝炎。此外，也有一些寄生虫（如肝丝虫等）直接侵袭肝脏致病的，但在人工控制的养殖环境中比较少见。

(2) 甲鱼感染性肝炎的病症 除发病甲鱼病原微生物感染后各自特有的病状体征外（如鳖红底板病、白底板病、穿孔病、鳃腺炎），大多行动迟缓，吃食减少或停食。剖检可见，肝脏肿大，大多肝呈紫黑色，质脆，肝叶切面有大量出血点，也有的肝叶呈大理石状的花肝。

(3) 甲鱼感染性肝炎的中草药预防 感染性肝炎，以预防感染性肝炎的疾病为主，但当发现有症状初现时，可用以下中草药预防控制。配方为：黄芩20%，垂盆草10%，田基黄20%，甘草10%，柴胡20%，猪苓20%，合剂并以当天干饲料量8%的比例煎汁拌入饲料中投喂，6天一个疗程，一般为3个疗程，疗程间应隔7天。

除了中草药预防外，搞好水生环境，定期用低毒高效的消毒药泼洒消毒，以减少病原微生物的数量。如是体表感染的疾病（如穿孔、烂甲、腐皮等），应结合外泼中、西药治疗，做好容易引发感染性肝炎的疾病预防工作。

163. 甲鱼鳃状组织坏死症怎样预防？

甲鱼鳃状组织坏死症俗称甲鱼鳃腺炎，由于甲鱼鳃状组织是甲鱼在特定环境中除肺之外的主要呼吸器官，所以一旦发病流行就很难治疗，死亡率多在50%以上，严重的几乎全军覆没。

(1) 甲鱼鳃状组织坏死症的流行区域与流行季节 甲鱼鳃状组织坏死症的流行地区，主要集中在华东和华南地区。从2002年开始，浙江省的杭州、嘉兴、湖州，安徽省的滁州、芜湖，江苏省的吴江、徐州、苏州，广东省的顺德、佛山，海南省的文昌、万宁、海口、三亚等地都先后发生暴发性流行。

甲鱼鳃状组织坏死症的流行季节，华南地区为3～6月与11～12月间；华东地区为4～6月和10～11月间。

(2) 甲鱼鳃状组织坏死症的表现行为 病甲鱼先表现不安反应迟钝，头颈后仰，口鼻喷水，并在水上直立拍水行走，俗称跳“芭蕾”，严重的趴在食台或池堤水边死亡。而有的死后沉入底，体内涨水后上浮水面。发病池基本停食，投饵率降到0.3%以下。

(3) 甲鱼鳃状组织坏死症的外部症状 病甲鱼体表体色无异常，有的口鼻流出血沫，死时大多头颈发软或略肿胀，四肢伸开。

(4) 甲鱼鳃状组织坏死症的病理解剖 肝胆大多无异常，肠道无食物，肠管内壁无明显坏死症状，小肠内有的有水样充血但无凝血，有的无血。鳃状组织呈淡黄色或灰黄色细颗粒状变性坏死，肺略气肿，成熟雌雄性器官正常，雌性卵细胞发育正常。

(5) 甲鱼鳃状组织坏死症的发病原因

①水环境恶化：池水环境恶化是暴发此病的主因之一。发病期间水呈土黄色泥浆状，水体透明度为零。水体表面一层深黄色水华，味恶臭，水体溶解氧为零。水温底层和表层差别大，特别是后半夜，底层和表层呈高低逆反时，水体混浊度加重。

②养殖密度过高：养殖密度过高是发病的因素之一。由于放养时气温较低，鳖的规格也较小，而经过几个月的饲养后，有的规格已超过放养时的1倍，所以密度大大超过常规要求。

③病原传播：外来苗种不经过检疫检验和消毒带入病原，也是发生该病的因素。还有外来动物也能带入病原，如狗在吃过发

病鳖场抛弃的病死鳖后，到其他未发病的养鳖场就易传入该病。

④养殖设施不全：池塘中无晒背和栖息场所也易发生该病。如在华南地区，同一个鳖场，在晒背和栖息条件较好又在池中种草的鳖池就不易发病。

(6) 预防措施

①改善环境：由于该病的发生原因是池水环境恶化造成的，所以预防应把搞好水环境放在首位。改善水环境的具体措施有以下几项：一是降低水位，适当换水，只要水不冻，即使在冬季也不需要很高的水位，一般华南地区可保持在30厘米左右，华东地区保持在40厘米左右就可，这样上下层水体对流交换的速度会相对快些，也能使底层的有害气体溢出，而有换水条件的地方还应适当换水，使水质保持活爽；二是种好水草，养鳖的室外池塘种好水草是防病的有效措施之一，水草一般以水葫芦、水浮莲和水花生为好，并把草种养在池边离岸1米处较好。如广东绿卡养殖公司几年来在池中种好水草后很少发生病害；三是定期泼洒生石灰，由于排泄量大，所以养鳖水体大多呈酸性，一般pH都会在6左右，而这对喜欢pH在7～8之间微碱性水体生活的甲鱼来说是很不合适的。所以，要求每15天每立方米水体泼洒50克生石灰调节池水pH，使其保持微碱性就显得十分重要。

②控制投饵：过量投饵是造成水体败坏的原因之一，一些养殖场因饲料台设在池底，又不及时检查当餐的吃食情况，投饵凭感觉和经验，造成大量饲料腐败变质污染水体。所以，要控制饲料的投喂量，一般成鳖阶段应控制在体重的3%左右，并根据前一天当餐的吃食情况灵活调整。

③完善设施：有关鳖喜晒背的习性和作用已人人皆知，但一些地方养殖池塘很大，却不在池中设一个晒背台，鳖只好在杂草丛生的池坡上晒背，爬上爬下时把泥土带入池塘，把池水搞混。有的池塘池坡很陡，甲鱼无晒背的地方，只好在池边爬行，也把池水搞混。所以，要求养殖池塘应设池水总面积5%的晒背台。

④科学制订放养密度：通过多年的实践，一般土池塘养殖密度以1平方米不超过1只为好。

（7）积极治疗

①泼洒消毒：发病池每隔6天，用二氧化氯以治疗量的2倍连泼3天，控制病原。

②内服治疗：内服药物中西药相结合，主要应用在投饵率不低于0.5%的鳖池。用头孢拉定和庆大霉素，各50%以日投干料的1%添加，共喂5天。用中药，从第13天开始每天投喂，用量为当天干饲料量的2%，共喂15天。配方为：甘草10%，三七10%，黄芩20%，柴胡20%，鱼腥草25%，三叶青15%。

治疗期间应及时捞出死亡的甲鱼，并应深埋处理。

164. 甲鱼寄生虫病怎样防治？

甲鱼寄生虫病分原生动物寄生虫病和原虫性寄生虫病两大类。其中，原生动物寄生虫病的危害较大。其不但影响甲鱼的健康生长，也影响商品的销售价格。所以，在甲鱼养殖生产中原生动物寄生虫病的防治很重要。

（1）病原　甲鱼原生动物寄生虫病俗称绿毛病。病原为原生动物寄生虫类的累枝虫、聚缩虫、钟形虫和纤毛虫等。

（2）病症　甲鱼发病初期时，在背甲、腹部和四肢表面可见灰黄色或黄绿色絮状簇生物，由于虫体颜色大多与养殖水体的水色相近，所以平时不注意很难发现。而当发现时，发病甲鱼大多不安或停食，即使在阴雨天也不下潜而在池边游弋。捞出后用手抹去虫体，寄生处可见出血现象，严重的发展到整个颈部、眼睑、四肢及泄殖孔。患病的甲鱼，大多因食欲下降后并发其他疾病衰竭死亡。

（3）病因　主要发生在室外养殖池塘和温室采光大棚加温前，池中病原和晒背条件不完备是发生该病的主要原因。

（4）流行 此病主要流行在放养后整个养殖期的5～8月间。

（5）预防 养殖池塘在放养前最好晒干池底，几天后用生石灰彻底清塘。注水后每立方米水体再用硫酸铜1克、硫酸亚铁4克化水泼洒杀灭寄生虫。养殖期可用市售的水产杀虫药物，按说明方法定期杀虫。

（6）治疗 发现有病后可用高锰酸钾，每立方米水体10～15克全池泼洒治疗。用高锰酸钾能有效杀死虫体，也能控制其他病原菌的再感染。病情严重的捞出，用6%高浓度的盐水浸泡3分钟，也可用pH达到10的生石灰水浸泡3分钟后隔离单养。同时，改善晒背条件和加强投喂。发病初期也可用每立方米水体硫酸铜1克、硫酸亚铁4克化水泼洒，或用市售的高铁酸锶按说明方法应用防治。

165. 怎样防治甲鱼水蛭病？

在甲鱼池中最常见的原虫性寄生虫病主要是水蛭病，也叫蚂蟥病。寄生水蛭的甲鱼，不但影响生长，即使甲鱼不死，养大后也影响产品的销售，降低经济效益。我国大多地方有这种甲鱼疾病，应引起重视。

（1）病原 水蛭病病原为拟蝙蛭、鳖穆蛭等水蛭寄生引起。

（2）病症 病鳖体表与裙边内侧和腹甲连接处可见淡黄、橘黄色黏滑的虫体，严重的寄生到头部眼睛和吻端。虫体一般手触微动，遇热则蜷曲但并不脱落，当强行将虫体剥落时，可见寄生部位严重出血，严重的病鳖常焦躁不安，爬到晒台上不愿下水。当寄生在病鳖的眼、吻端时，则头往后仰，并四处乱游，病程长的食欲减退，可用肉眼看到虫体。虫体吸血时，排唾液入伤口，唾液中有一种抗凝血物质，导致病鳖伤口长期流血，使血红蛋白减少。大多病鳖体表消瘦，腹部苍白，呈严重的贫血状，往往因此而影响生长。水蛭病直接死亡的较少，大多是寄生部位并发其他疾病而死。

（3）病因 数量众多的病原是直接致病的主要因素，发病多是室外利用江河湖库水作水源的鳖鱼混养池、亲鳖池和高产精养池中，特别是投喂大量螺蛳的池中尤为严重。

（4）流行 几乎甲鱼的整个生长期可发生流行。

（5）预防 甲鱼放养前池塘要彻底清塘。特别是已经发现有水蛭病流行的地区，清塘要重用生石灰，一般用量要求每亩不少于300千克。消毒可采用干法，使消毒塘底的浅层池泥和水的pH达到11以上。

（6）治疗 泼洒生石灰，使池水pH上升到9，刺激水蛭脱落，然后用漂白粉1.5毫克/升泼洒1次，6天后再用高锰酸钾5毫克/升浓度泼洒1次，即可除去大部分水蛭。也可用鲜猪血浸毛巾，在进水口处贴着水面诱捕，一般3～4个晚上，就可捕掉大部分水蛭。带虫体的毛虫可用生石灰掩埋。平时经常用生石灰调水，使水的pH始终保持在7.5～8，因pH略高的水体不适合水蛭生活。

166. 怎样预防温室甲鱼氨中毒？

在工厂化封闭性温室养甲鱼过程中，甲鱼氨中毒现象近年来呈上升趋势，由于氨中毒死亡率高，发展快，一旦发生往往损失很大。

（1）温室甲鱼池中氨的发生 氨（NH_3－N）在鳖池中的发生，主要是由鳖的排泄物、剩饵和池水中各种生物死亡后的尸体在异养微生物的氨化作用下形成的，特别是在封闭和半封闭性温室中，当硝酸盐被还原时，氨浓度升高并成为无机氮的主要形式。通常就鳖而言，当氨的浓度达到致鳖中毒时，首先通过呼吸系统，破坏鳖的正常呼吸机能和对呼吸器官的损害，同时刺激神经系统，使其产生异常反应，最后导致抽搐死亡。

(2) 甲鱼氨中毒的病状 当甲鱼池的空间环境中可闻到明显的刺激味，测定空气中氨的浓度超过1毫克/升、水体中氨的浓度超过0.5毫克/升时，就会影响鳖的吃食，并会出现异常现象。如轻度上浮转边等，此时开始就影响鳖的正常生长，当情况不能得到改善，池水就会很快开始恶化，池水中氨的浓度就会很快上升到3毫克/升，并基本处于缺氧状态，鳖会出现严重的中毒现象。表现症状为漂浮水面，原池转圈，有的腹部朝上，抽搐，大多则在池的四角堆挤争先上爬。死亡时大多头颈发软，体色变淡，裙边发硬。剖解可见肺肿大，呈紫黑色淤血，有的在抽搐时雄性生殖器脱出，充血，心脏微白衰竭，其他脏器无明显变化。经氨中毒后的鳖即使是轻度中毒，当时不死，也大多吃食不畅，活动迟钝，以后会不间断地逐步少量死亡。

(3) 甲鱼氨中毒的抢救 当发现有氨中毒现象时，千万别先去换水更不要乱泼生石灰。首先，应打开室内的通气窗，把有害气体排出。同时，在池中泼洒市售鱼用增氧剂（按说明浓度）或每立方米水体1千克黄土化水泼洒，同时每立方米水体泼洒米醋0.20千克。紧接着在池中架几块水泥瓦或木板，瓦或板放在水下离水面2厘米处，使鳖能爬到板上呼吸新鲜空气，一般抢救及时的能避免死亡。如2008年上海某养鳖场发生此病，经确诊后用上述方法抢救无一死亡。

(4) 甲鱼氨中毒的预防 彻底排污是最好的预防措施，如笔者发明的排污器应用后，几乎全过程不用换水，也不会产生氨中毒现象。没有排污设施的养殖企业，平时要定期开通气窗，降低室内空间环境中有害气体的浓度。开窗同时应打开充气泵，使水中的水合氨通过暴气得以逸出，特别是平时要不定期排污换新水，减少池底的耗氧物质。如果是采光棚应搭晒背台，封闭性温室也应在水下离水面2厘米处设一栖息台，以利鳖在遇到不良水环境时躲避。加强科学投饵，减少饲料散失对水体的污染，并选择质量好的饲料投喂。平时在饲料中添加5%左右的新鲜瓜果菜浆汁，以提高甲鱼的抵抗力和消化率。

167. 怎样预防亲鳖冬春死亡?

近年来，冬春的亲鳖死亡已呈越来越多的趋势。据不完全统计，亲鳖人工养殖的成活率平均3年不超过60%，其中，冬春的死亡占全部的85%。我国每年需从国外引进鳖苗2 000万只以上。

（1）病症 除个别在池中死亡后肿胀漂浮水面外，大多亲鳖死亡在产卵场的沙床里。且死亡中85%为雌鳖，死鳖大多泄殖孔肿胀，有的充血，少部分有抓伤痕迹，也有严重的腐皮穿孔症状。解剖体内可见，肝胆肿大，有的呈灰白色变性。有的雌性输卵管充血，带卵卵巢呈液化分离。

（2）原因

①水质恶化：长期不清塘，池塘底泥淤积过多，导致开春亲鳖活动后底泥泛起，引发池塘水质迅速恶化是春季亲鳖死亡的原因之一。如浙江萧山某鳖场的亲鳖池因4年没清塘，结果2002年春因水质突变恶化，使春季亲鳖死亡的损失达几百万元。

②性比失调：同样因多年不清塘调整亲鳖的性比，使有的鳖场的亲鳖雌雄比例严重失调。严重的雌雄比已失调至1∶1。这样因性比失调而引起雌雄交配不正常，使雌亲鳖既不能正常吃食，又不能正常栖息活动，特别是一些亲鳖池还出现群雄争雌的追逐现象，而雌鳖则伤痕累累，不久就死亡。如上海某鳖场的亲鳖因性比严重失调而死亡的雌亲鳖，2000年死亡率达20%以上，造成了严重的经济损失。

③产后培育不好：亲鳖产后培育的好坏，不但直接影响亲鳖体质，同时也影响亲鳖的越冬成活。由于亲鳖的营养需求不同于一般的养商品鳖，其营养需求不但要满足正常生活和生长的需要，还要满足精、卵细胞的正常发育和形成，更要经历产卵、交

配和长时间越冬中的大能量消耗。所以，亲鳖的营养需求有不同时期不同特点的差异，如亲鳖在产后，需添加既能补充恢复产卵后鳖体虚弱的营养，又能增加安全越冬能量的全脂奶粉等。养殖亲鳖是在人工控制的小环境中集约培育的，其所需的营养和防病药物全靠管理者根据实际需要主动添加和调节。如一般在越冬前的 2 个月，就需在饲料中添加些防病中药，以提高亲鳖的越冬抗病力。在营养上还要根据亲鳖越冬特点，添加些易消化吸收和能量积累的鲜活饲料、能量饲料、多维和微量元素等。值得一提的是，一些地方为了提高亲鳖的肥满度，直接在投喂的饲料中添加大量的植物油，这样极易造成脂肪肝和胆囊肿大，对亲鳖来说也影响产卵与受精。从一些解剖的样本中发现，有相当部分死亡的亲鳖是由于发生脂肪肝或因营养不良消瘦死亡。而有的背甲带骨弯曲，腹甲凹陷，这些症状也是明显缺乏某种营养而引起的。更应指出的是，有些鳖场在亲鳖池中投喂人工配合饲料的同时，还直接往池水中单独投喂大量的螺蛳、小冰杂鱼、猪肺等动物内脏。这些动物性鲜活饲料在亲鳖培育中的添加是必不可少的，但上述的投喂方法不妥，因鳖在人工生态养殖条件下，必须按规范的“四定”投饵法，不能让其再回到野生的有啥吃啥的觅食习性中去。如在池中投喂单一动物性饵料的时间一长，亲鳖就不到指定的食台去吃营养结构较合理的配合饲料了，然而，单一的动物性饵料是无法满足亲鳖越冬或繁殖所需的营养。更无法添加防病的药物了。特别是有些动物内脏，如猪肺投入水中后极易招至多种病原菌聚集。螺蛳在野生环境中也是鳖的一种食物原，但在人工养殖中因投喂了人工配合饲料，所以投入的螺蛳和其在池中大量繁殖的后代很少被鳖食用。相反螺蛳一多，倒成了许多寄生虫的中间寄主传播病原。

④种质太差：由于没有经过专业技术人员的精心选育，许多鳖场的亲鳖存在严重的质量问题。如有些鳖场在普通的境外商品成鳖中直接挑出个大的作亲鳖，结果困难适应当地的越冬气候条

件而大批死亡。

⑤养殖密度过大：一般情况下，亲鳖的放养密度为每2米^{2}1只，但有些地方放养密度为每平方米2只甚至更多。几年后随着个体的长大密度就更大，到冬季后亲鳖都集中在池底挤堆受伤，开春后随天气转暖而感染疾病大批死亡。

⑥外来病原带入：一些地方从外地引种补充，因没有认真消毒或没有隔离单养，而直接与原池亲鳖混养，使外来病原互相感染而暴发疾病大批死亡。

(3) 预防

①水生态管理：池水在越冬前一个月分几次彻底换掉老水，越冬期间也应把池水的透明度控制在30厘米以内，有条件的应每20天换1次水，换水量为原池水的1/3～1/2。

②及时调整性比：亲鳖性比搭配应按年龄而定。即后备亲鳖年龄8个月以上，体重250～750克，培育时要求雌雄分开单养。成熟亲鳖年龄24个月以上，体重750～1 000克，性比搭配（♀：♂）5～6：1；年龄36个月以上，体重1 000～2 000克，性比搭配（♀：♂）6～8：1；年龄48个月以上，体重2 000克以上，性比搭配（♀：♂）10：1。

根据上述性比搭配，如从后备亲鳖开始培育，必须每2年清池1次，以调整性比。实践表明，采用这个比例并结合科学的培育饲养，可大大提高亲鳖成活率和鳖卵的受精率。

③合理饲料结构：投喂亲鳖的饲料一定要符合国家有关标准，特别是产后的饲料结构一定要科学合理，有关亲鳖产后培育饲料配方也可参考本书第85问。

④做好药防：做好药防，除了平时添加中草药外，产后期应在饲料中添加氟苯尼考等西药，做一次越冬前的药防。

⑤选好种质：用来繁殖的亲鳖种质一定要选好，选种时不但要注重品种的选择，还应注重个体质量的选择。有关这方面的内容可参考本书第45问。

(4) 治疗

①冬春季节有上浮或爬出池塘的亲鳖，如确定是因营养不良引起的，就应及时捞出移到有保温设施的室内饲养。放养前除进行正常的鳖体消毒外，还应在肢腋皮下注射25%的葡萄糖注射液2毫升；另一肢腋皮下注射维生素C同等量。放养后应把室温逐步调高到29～30℃。然后投喂亲鳖产前的配方饲料，直到亲鳖完全恢复为止。

②当确认是因病原菌感染所致的病鳖，应及时捞出移到温室隔离暂养治疗。放养前鳖体消毒，然后肢腋皮下注射维生素C每只1毫升，庆大霉素或氨苄青霉素20万单位/千克，这样每4天注射1次，3次即可。

③当水质发黑、发臭、亲鳖大批上浮时，首先彻底换出池中的坏水，注上新水后可用二氧化氯按产品说明泼洒消毒。如水质太清瘦，可用尿素和磷肥1∶1的比例，每立方米水体6克泼洒培肥。

168. 如何预防甲鱼水肿病?

鳖水肿病是近年来发生较多的鳖病之一，其不但影响养殖成活率，也影响商品价值。但大多鳖场对鳖水肿病的发生和防治了解较少，在发生此病时显得束手无策。

(1) 鳖水肿病的症状 鳖发生水肿病后，体形由正常的扁平变成体高背厚，脖颈粗大，严重的全身肿胀，四肢强直。发病初期，病鳖头颈上仰，鼻孔喷小气泡，有的爬出沙层或泥穴在池底缓慢爬行。有的集群在池的四角攀游，严重的在水面平游，不怕惊扰。更严重的腹部朝上仰游，临死时漂浮水面，有的则下沉于池底。

解剖可见体腔大量积水，大多脏器表面黏膜脱离。血色淡，肝胆肿大，肺部泡沫样积水，呈灰白色。肠管内有的淤血，有的发白。心水肿，灰白色。四肢皮内脂肪呈豆腐样变性。鳃样组织发黄或灰白色变性坏死。

(2) 水肿病发生的原因

①一定水体缺氧，这种情况多发生在秋冬季节室外池塘。当池塘水温降到15℃以下时，凡是养在室外池中的鳖，都会本能地潜入水底钻进沙层或泥穴中进入冬眠状态。此时鳖体的运动和代谢也降到最低限度，而呼吸则完全靠皮肤和咽喉部的鳃状组织获取水体中的溶解氧，所以水体中溶解氧含量的多少，成为冬季鳖能否安全成活的关键。而水肿病的发生，就是在水体严重缺氧的情况下，鳖主要呼吸器官的鳃状组织吸吐水的频率加快仍不能满足氧的需要，最后导致鳖只有张嘴不断吸水而无力吐水时，水流通过口腔进入体腔，引起鳖体全身肿胀。这种情况多见于水体清瘦、一见到底的鳖池。

②水质恶化，多发生在封闭性温室里。时间在开春前后，发病池水质恶化，严重缺氧，检测可见氨等有害物质严重超标，大批鳖攀附在饲料台，有的则张嘴伸脖在池的四角攀爬并不时跌落水中大量吸水，使鳖体全身肿胀。这种情况主要是水质恶化后，有害气体通过鼓风机搅动水体，把水体中的有害气体逸出进入空间。由于温室封闭较好，随着时间的延长，室内空间有害气体的浓度也会随之升高，并有刺激性恶臭。使鳖难以通过露出水面进行肺呼吸获得氧气，爬出水面的鳖会重新跌落水中张嘴吸水，导致鳖体肿胀。

③肝变性水肿，多见于温室和室外的高密度养殖模式中。由于在快速生长的环境中添加催肥促长剂和投喂营养成分不合理的饲料，特别是长期使用化学药品和抗生素防病治病，使肝胆严重损害病变从而引发肝水肿，继而水肿液自肝被膜渗出进入体腔，并渗透到四肢和颈部。有的因吃了营养不合理的饲料后（如含盐量超标），使体内的渗透压失衡而吸水引起肿胀。

(3) 水肿病的防治　根据水肿病发生的原因和特点，采取相应的防治方法。在室外因水体缺氧引发水肿病的，可采取换新水和肥水的方法。具体做法是，平时要求每10～20天换1次新水，换水量为原池水的1/2。如发现有水肿病，就应彻底换水，换进的新水最好是流动的上层河水或水库水。换水后应适当肥水，方法是换水后第3天，可用尿素呈8毫克/升的浓度泼洒，如一次不行隔3天后再泼1次，使水色达到淡绿色，透明度不超过30厘米为宜。而对已发水肿病的病鳖如没有死亡的，捞上来后放到干沙堆里浅埋几天，让其自行脱水，正常后就应马上卖掉。如是因水质败坏引发水肿的，首先应捞出病鳖，放到室温25℃的地下，上面盖些鲜嫩的水草，大约3～5天就能恢复并开始活动。此时如是规格大的就可直接卖掉，如规格小还需养殖的，就应放养到环境好的温室中养殖。而对刚发病的鳖池，首先应彻底换水，并在饲料中添加干饲料量0.2%的维生素C、维生素B_6和干饲料量1%的葡萄糖酸钙。也可用中药甘草、西瓜皮按干饲料量各2.5%的量煎汁拌入饲料中投喂。有条件的地方最好投喂些新鲜的瓜果菜草汁，比例为饲料的10%，对恢复和预防都有很大的帮助。而平时应注意科学投饵，尽量减少饲料散失对水的污染，多排底污，少换池水，使水保持既良好又稳定。同时要注意开气窗，排出室内的有害气体，使室内的空间环境常处于良好的状态。对于肝变性水肿病，首要是注意合理用药和投喂优质饲料，杜绝应用对肝有损害的化学药品和抗生素。防治疾病应多考虑用毒副作用小的中草药。此外，目前市售的护肝制品较多，在快长阶段可适当添加些。而平时也应定期添加些新鲜的动植物饲料，这样既可降低饲料中有害物质的比例浓度，也可增加饲料的适口性和营养。所以，肝变性水肿病主要是做好防治工作。

169. 如何防止甲鱼萎瘪病的发生？

甲鱼萎瘪病也叫僵鳖病，是影响养殖效果的病害之一。据调查，一些较严重的养殖企业因有近 1/5 养不大的僵鳖而濒临亏损。所以，这一现象应引起养殖企业的高度重视。

（1）病因与病状 其多因放养时规格不齐，密度过大又不及时分养。还有长期投喂蛋白质比例较低或蛋白质质量较差和配比较单一营养不全面的饲料，从而引发群体营养不良，阻碍生长渐成僵鳖。再是群体中一定比例的鳖，因吃不到或吃不足而造成营养不良渐成僵鳖。特别是近年来的无沙挂网养殖模式推广后，一些地方因布置网袋的方法不当，而造成僵鳖和死亡的事故时有发生。其主要存在的问题有；一是网袋布置太少，鳖苗放养密度太大。如有的鳖场只在池中布几条网袋，而放养密度却超过常规的几倍，使鳖苗放养后集中挤堆在少量的网袋中不肯出来，造成互相抓伤或长期不出来吃食而成僵鳖或瘦弱死亡；二是水浅网低，一般网袋在一定深度的水中会随水浮起，使网袋底部呈伞形张开，然而当网袋很低水位很浅时（如低于 30 厘米），鳖苗钻进后都会本能地向网袋的顶部挤爬，当网袋的重量达到一定程度时就会收紧网袋并下垂至池底，使本应在水中张开的袋口因收紧和垂底成为一个封口的死袋子，鳖苗在袋中也是长时间无法出来吃食而僵亡。

病鳖体薄萎缩，四肢消瘦无力，皮肤暗淡，背甲菱状突起。病鳖虽然长期不死，但因生长缓慢甚至停止，所以很难养成预定规格。其结果不但影响产量也影响销售价格，从而影响养殖的整个经济效益。

（2）防治措施

①制订科学合理的放养密度：一直以来，养鳖企业在制订养殖密度时（一般以平方米为单位），习惯以只数为标准。实践证明，这种方法不但欠科学也不尽合理。如在工厂化人工控温养殖模式中，常规密度通常为周期（苗至成鳖）每平方米 25 只一养到底，或从苗培育成规格 250 克的鳖种。这样就会出现以下情况：鳖苗至鳖种阶段，密度太低；鳖种至成鳖阶段，密度太高。

这显然是缺乏科学性和合理性，而用实际规格和重量来制订较合理。在制订室外池塘的养殖密度时，由于受外界的影响较大，如气候变化、环境干扰等。在制订时不但要参考控温养殖的密度，还应考虑池塘条件，如池塘底质。因为，底质如何会直接影响养殖过程中池塘水质的变化，所以，在制订养殖密度时既要看鳖不同规格阶段的活动能力和生长率，又要结合实际的养殖环境。根据这个道理和实践，笔者认为在人工控温养殖环境中，鳖苗阶段每平方米放养量为 80～100 只；鳖种阶段每平方米放养量为 15～20 只；成鳖阶段每平方米放养量为 5～10 只为好。而室外池塘搞鱼鳖混养的池底，如是纯泥的，2 米^2 放养 1 只；如是半沙半泥底质的，每平方米放养 1 只。精养水泥池中养成鳖，每平方米放养 5 只。

②及时合理分养：分养的前提是，在周期平均密度的基础上进行前期密养，以后根据生长规格情况进行合理分养，并根据自身的具体条件来制订分养次数，具体方法可见本书第 107 问。

③选择优质饲料吃饱吃好：养殖期始终应选择优质的配合饲料投喂，让鳖吃饱吃好。发现僵鳖应及时捞出单养，并在饲料中添加些鲜活饲料，也可添加些奶粉、葡萄糖酸钙等营养品进行强化饲养。

170. 怎样预防甲鱼畸形？

甲鱼养殖过程中会出现各种形态异常的畸形鳖，如驼背鳖、缺腿鳖，瞎眼鳖和无尾鳖等。这些畸形鳖在养殖过程一般较难发现，到销售时发现了，不但影响产量也直接影响销售价格。

(1) 出现畸形鳖的主要原因

①饲料中营养缺乏：由于饲料结构不合理，营养不全面，就会造成甲鱼畸形，如在饲料中缺乏钙质和维生素 D，就会出现较多的骨骼弯曲、肢体变形等畸形鳖。

②放养鳖苗质量差：一些质量差的苗种，也会在养殖过程中逐步畸形，如一些还没完全成熟的后备亲鳖产的卵孵出的鳖苗，养殖时畸形比例就比正常亲鳖产的相对要高。还有是最后一批产的卵孵出的苗，也较开始和中间产的卵孵化出的苗，畸形率要高。

③水质恶化：在养殖过程中由于水质恶化，水体中产生有害气体和有毒物质，就会直接导致甲鱼致畸。如养殖水体氨浓度高时，甲鱼就会因神经受刺激而抽搐致畸。另外，水体 pH 过低，也易造成骨骼弯曲致畸。

(2) 预防　预防甲鱼致畸的方法有以下几点：一是挑选健康的优良苗种养殖，尽量不用规格不够、体质不好的苗种养殖；二是选购或配比营养全面的饲料投喂；三是调节好养殖的水生环境。特别是要定期泼洒生石灰，使养殖水体的 pH 保持在7～8。

参考文献

戈贤平．2000. 淡水养殖实用技术手册［M］. 北京：中国农业出版社．

季宇彬．1995. 中药有效成分药理与应用［M］. 哈尔滨：黑龙江科学技术出版社．

李正化．1990. 药物化学［M］. 北京：人民卫生出版社．

王建平．2008. 水产病害测报与防治［M］. 北京：海洋出版社．

翁少萍，叶巧珍，等．1996. 中华鳖红底板和白底板病病原及组织病理［J］. 中山大学学报论丛，增刊：61－65.

徐国钧．施大文．1987. 生药学［M］. 北京：人民卫生出版社．

杨先乐，柯福恩，等．1995. 中华鳖稚鳖对水体盐度和酸碱度敏感性的研究［J］. 淡水渔业，5：3－6.

赵春光．2010. 我国龟鳖主要养殖品种及苗种生产情况分析［J］. 中国水产，5：20－23.

赵春光．2009. 节约型养鳖新技术［M］. 北京：金盾出版社．

赵春光．2000. 最新生态养鳖技术［M］. 上海：上海科学普及出版社．

赵春光，黄太寿，等．1997. 中华鳖人工养殖及病害防治新技术［M］. 北京：农村读物出版社．

赵春光，田文瑞，等．2009. 龟鳖饲料的合理配制与科学投喂［M］. 北京：金盾出版社．

图书在版编目（CIP）数据

甲鱼高效养殖百问百答 / 赵春光编著. —2 版. —北京：中国农业出版社，2013.10（2024.1 重印）
（最受养殖户欢迎的精品图书）
ISBN 978-7-109-18193-9

Ⅰ.①甲… Ⅱ.①赵… Ⅲ.①鳖-淡水养殖-问题解答 Ⅳ.①S966.5-44

中国版本图书馆 CIP 数据核字（2013）第 183982 号

中国农业出版社出版
（北京市朝阳区麦子店街 18 号楼）
（邮政编码 100125）
责任编辑　林珠英　武旭峰

中农印务有限公司印刷　　新华书店北京发行所发行
2014 年 1 月第 2 版　　2024 年 1 月第 2 版北京第 4 次印刷

开本：850mm×1168mm 1/32　　印张：6.75
字数：180 千字
定价：18.00 元